"十四五"职业教育国家规划教材

数控铣削
（加工中心）技术训练
（第2版）

主　编　庄金雨
副主编　朱和军　陈大龙　沈剑峰
主　审　陈海滨

北京理工大学出版社
BEIJING INSTITUTE OF TECHNOLOGY PRESS

版权专有　侵权必究

图书在版编目（CIP）数据

数控铣削（加工中心）技术训练 / 庄金雨主编. —2版. —北京：北京理工大学出版社，2023.8重印

ISBN 978-7-5682-7831-7

Ⅰ. ①数… Ⅱ. ①庄… Ⅲ. ①数控机床-铣削-技术培训-教材 Ⅳ. ①TG547

中国版本图书馆CIP数据核字（2019）第243886号

出版发行 / 北京理工大学出版社有限责任公司	
社　　　址 / 北京市海淀区中关村南大街5号	
邮　　　编 / 100081	
电　　　话 /（010）68914775（总编室）	
（010）82562903（教材售后服务热线）	
（010）68944723（其他图书服务热线）	
网　　　址 / http：//www.bitpress.com.cn	
经　　　销 / 全国各地新华书店	
印　　　刷 / 定州市新华印刷有限公司	
开　　　本 / 787毫米 × 1092毫米　1/16	
印　　　张 / 13	责任编辑 / 张荣君
字　　　数 / 296千字	文案编辑 / 张荣君
版　　　次 / 2023年8月第2版第3次印刷	责任校对 / 周瑞红
定　　　价 / 35.00元	责任印制 / 边心超

图书出现印装质量问题，请拨打售后服务热线，本社负责调换

前言
FOREWORD

党的二十大报告提出:"推进新型工业化,加快建设制造强国。""推动战略性新兴产业融合集群发展,构建新一代信息技术、人工智能、生物技术、新能源、新材料、高端装备、绿色环保等一批新的增长引擎。"数控技术作为制造业实现自动化、柔性化、集成化和智能化的基础,是制造业提高产品质量和生产效率的重要手段。数控技术水平的高低,数控机床保有量的多少已经成为衡量一个国家机床工业和机械制造业水平的重要指标。随着数控机床的日益普及,企业急需大量能够熟练掌握数控机床编程、操作与维修的技术人才。

数控铣床在数控技术应用中的作用日趋重要。为了满足学校对于数控专业学生的培养目标并结合教学实践的具体特点,本书在编写过程中本着"有用、实用、够用"的原则,认真研究当前数控课程改革的新思想并结合目前学生实际情况作为本书编写的基础。

本书以"项目引领、理实一体化"的教学形式,结合数控铣床的加工工艺与编程技巧,介绍了数控铣床的编程与操作的基本技能。全书在内容安排上参照数控铣工、加工中心操作工国家职业标准,成系列按课题展开,考评标准具体明确,直观实用,可操作性强,力求做到深浅适当;语言上力求做到简明扼要、通俗易懂。重点向学生传授数控铣床编程与操作的基本知识和技能,同时培养学生在学习数控铣床中独立分析问题、解决问题的能力。

本书的教学时数为180学时左右,也可以根据具体情况选择符合院校特点的课题进行训练。下表为课程教学时的建议。(仅供参考)

序号	项目	课时
1	项目一 外形轮廓加工	6
2	项目二 规则曲线加工	8
3	项目三 槽类加工训练	6
4	项目四 简单零件加工	8

FOREWORD

续表

序号	项目	课时
5	项目五　轮廓加工	8
6	项目六　多边形加工	8
7	项目七　坐标变换类加工训练（一）	6
8	项目八　坐标变换类加工训练（二）	10
9	项目九　孔类加工训练	30
10	项目十　参数编程加工	30
11	项目十一　自动编程加工	30
12	项目十二　综合练习（一）	8
13	项目十三　综合练习（二）	8
14	项目十四　综合练习（三）	8
15	项目十五　综合练习（四）	8
17	附录一　数控铣工试题库	
18	附录二　《数控铣工国家职业标准》	
19	附录三　1+X证书	

　　本书由江苏省宿迁经贸高等职业技术学校庄金雨主编，编写了项目一～三、五～十一；江苏省宿迁经贸高等职业技术学校陈大龙编写了项目四；镇江高等职业技术学校朱和军编写了项目九；盐城机电高等职业技术学校沈剑峰编写了项目十二～项目十五。

　　本书在编写过程中得到了徐州技师学院的陈康玮、江苏省嘉善中专冯玮、无锡交通技师学院黄金荣、淮阴商业学校苗喜荣、江苏省宿迁经贸高等职业技术学校乙加敏、汤玲玲等老师的倾力相助，同时编写过程中参考了大量的资料，不能一一列举，在此向有关作者表示衷心感谢。

　　由于受经验、水平和时间所限，错漏在所难免，真诚希望得到各位同行和专家对本书中的错误、缺点和不足之处批评指正。

编　者

项目一	外形轮廓加工	1
项目二	规则曲线加工	7
项目三	槽类加工训练	13
项目四	简单零件加工	18
项目五	轮廓加工	25
项目六	多边形加工	31
项目七	坐标变换类加工训练（一）	37
项目八	坐标变换类加工训练（二）	46
项目九	孔类加工训练	53
项目十	参数编程加工	96
项目十一	自动编程加工	114
项目十二	综合练习（一）	127
项目十三	综合练习（二）	133
项目十四	综合练习（三）	140
项目十五	综合练习（四）	146
附录一	数控铣工试题库	152
附录二	《数控铣工国家职业标准》	176
附录三	1+X 证书	184
参考文献		202

项目一 外形轮廓加工

大国重器·
构筑基石

一、任务目标

- 掌握与编程有关的基本指令。
- 掌握数控铣床基本编程指令的使用方法。
- 掌握简单的 G 指令及程序编程方法。
- 了解安全文明操作机床的规程。
- 激发学生的实习热情。

数控车编程常用
指令代码动画

二、任务资讯

外轮廓加工是数控铣/加工中心中常用的加工方法，也是学习的基础。轮廓加工常用的指令有 G00 指令、G01 指令、G02 指令、G03 指令等。每种指令的编程方法有各自的特点，本次任务以图 1-1 为例，重点讲解外轮廓加工中直线编程指令的运用（注：在本次任务中不考虑刀具的半径问题）。

数控铣床加工
中心功能演示

选用合适的刀具加工如图 1-1 所示的零件，毛坯尺寸为 90 mm×90 mm×20 mm，加工深度为 5 mm，完成轮廓切削加工。

(1)快速定位指令 G00。

格式：G00 X＿ Y＿ Z＿

功能：该指令命令刀具以点定位控制方式从刀具所在点到指定点。刀具对于工件以各轴预先设定的速度从当前位置快速地移动到程序段指定的目标点。G00 指令中快速移动的速度由机床参数"快速移动进给速度"对各轴分别加以设定，不能用 F 规定（G00 为模态指令）。

(2)带进给率的直线插补 G01。

格式：G01 X＿ Y＿ Z＿ F＿

功能：刀具以直线从起始点移动到目标坐标，以 F 下编程的进给速度运行；所有的坐标轴可以同时运行。G01 一直有效，直到被 G 功能组中其他的指令取代为止（G01 为模态指令）。

项　目　一　　外形轮廓加工

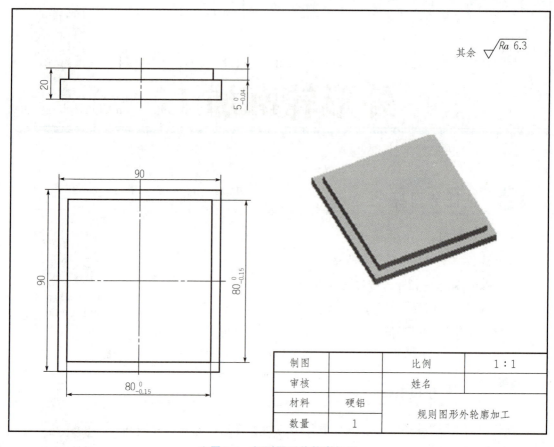

▲图 1-1　规则图形外轮廓加工

三、任务实施

1. 加工准备

(1)详细阅读零件图,并按照图纸检查坯料的尺寸。

(2)编制加工程序,输入程序并选择该程序。

(3)用平口钳装夹工件,伸出钳口 8 mm 左右,用百分表找正。

(4)安装寻边器,确定工件零点为坯料上表面的中心,设定可选择工件坐标系。

(5)选择合适的铣刀并对刀,设定加工相关参数,选择自动加工方式加工零件。

2. 工艺分析及处理

(1)零件图样分析。了解零件的材质、尺寸要求、形位公差、精度要求、零件的加工形状(在毛坯为 90 mm×90 mm×20 mm 的长方体铝块上加工一个 80 mm×80 mm×5 mm 长方体)。

（2）加工工艺分析。

①加工机床的选择。

②根据图纸要求选择合适的刀具；切削用量（S、F、a_p）；确定零件的加工路线、下刀点、切入点、退刀点。

刀具的选择：选用直径为 63 mm 的面铣刀，直径为 12 mm 和 10 mm 的立铣刀，见表 1-1、表 1-2。

▼ 表 1-1 刀具卡

刀具号	刀具名称	刀具规格	刀具材料
T1	面铣刀	$\phi63$	涂层刀片
T2	立铣刀	$\phi12$	高速钢
T3	立铣刀	$\phi10$	高速钢

▼ 表 1-2 工序卡

工步	工步内容	刀具号	主轴转速 /(r·min^{-1})	进给量 /(mm·min^{-1})	背吃刀量 /mm	切削余量 /mm
1	铣削上表面	T1	700	100	0.5	0
2	粗铣外轮廓	T2	800	150	5	0.2
3	精铣外轮廓	T3	1 200	200	5	0

如图 1-2 所示，由 A 点下刀，加工工件一圈后由 F 点抬刀，即 $A \rightarrow B \rightarrow C \rightarrow D \rightarrow E \rightarrow B \rightarrow F$。

③确定零件的加工顺序；铣削方式（顺铣、逆铣）；粗、精加工余量。

（3）基点计算。根据图纸要求合理运用数学知识进行相关点的计算。

$A(-40, -60)$；$B(-40, -40)$

$C(-40, 40)$；$D(40, 40)$

$E(40, -40)$；$F(-60, -40)$

原点 $O(0, 0)$

（4）编写程序单。

（5）输入程序单。

（6）模拟、加工、检验。

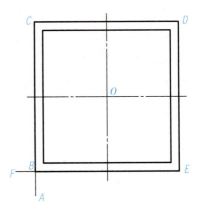

▲ 图 1-2 加工工件

尺寸公差

3. 参考程序

程序内容	程序说明
SKXI01;	=＞程序名
G90 G17;	=＞采用用绝对值编程、确定加工平面
M03 S8000;	=＞刀具正转，转速为 800 r/min
G00 X-40 Y-60;	=＞刀具到达 A 点，用绝对值表示
Z10;	=＞快速定位到工件上表面
M07;	=＞切削液开
G01 Z-5 F100;	=＞刀具切入工件 5 mm，用绝对值表示
G01 Y-40;	=＞A→B，默认用绝对值表示
Y40;	=＞B→C，用绝对值表示
Y40;	=＞C→D，用绝对值表示
Y-40;	=＞D→E，用绝对值表示
X-40;	=＞E→B，用绝对值表示
X-60;	=＞B→F 刀具切出工件
G00 Z50;	=＞轮廓加工结束，刀具抬离工件 50 mm
M09;	=＞切削液关
M05;	=＞主轴停
M30;	=＞程序结束、光标返回到程序开头

4. 注意事项

(1)使用寻边器确定工件零点时应采用碰双边法。
(2)精铣时采用顺铣方法，以提高表面加工质量。
(3)应根据加工情况随时调整进给开关和主轴转速倍率开关。
(4)键槽铣刀的垂直进给量不能太大，为水平进给量的 1/3～1/2。

立铣刀

四、任务评价

项目	评分要素	配分	评分标准	检测结果	得分
编程 （20分）	加工工艺路线制订	5	加工工艺路线制订正确		
	刀具及切削用量选择	5	刀具及切削用量选择合理		
	程序编写正确性	10	程序编写正确、规范		

续表

项目	评分要素	配分	评分标准	检测结果	得分
操作 (30分)	手动操作	10	对刀操作不正确扣5分		
	自动运行	10	程序选择错误扣5分 启动操作不正确扣5分 F、S调整不正确扣2分		
	参数设置	10	零点偏置设定不正确扣5分 刀补设定不正确扣5分		
工件质量 (30分)	形状	10	有一处过切扣2分 有一处残余余量扣2分		
	尺寸	16	每超0.02 mm扣2分		
	表面粗糙度	4	每降一级扣1分		
工量刃具的 使用与维护 (10分)	常用工量刃具的使用	10	使用不当每次扣2分		
安全文明 生产(10分)	正确执行安全技术操作规程，按企业有关的文明生产规定，做到工作地整洁，工件、工具摆放整齐	10	严格执行制度、规定者满分，执行差者酌情扣分		
综合评价					

五、相关资讯

1. 快速定位指令 G00

格式：G00 X＿ Y＿ Z＿

功能：该指令命令刀具以点定位控制方式从刀具所在点到指定点。刀具对于工件以各轴预先设定的速度从当前位置快速的移动到程序段指定的目标点。G00指令中的快速移动的速度由机床参数"快速移动进给速度"对各轴分别加以设定，不能用F规定。G00为模态指令。

2. 带进给率的直线插补 G01

格式：G01 X＿ Y＿ Z＿ F＿

功能：刀具以直线从起始点移动到目标坐标，按地址F下设置的进给速度运行；所有的坐标轴可以同时运行。G1一直有效，直到被G功能组中其它的指令取代为止。G01为模态指令

3. 绝对值编程 G90 与增量值编程 G91

G90 和 G91 指令分别对应着绝对位置数据输入和增量位置数据输入。绝对值是以"程序原点"为依据来表示坐标位置。增量值是以"前一点"为依据来表示两点间实际的向量值（包括距离和方向）。在同一程序中可以增量值与绝对值混合使用。

绝对值指令格式：G90 X_ Y_ Z_ ；

增量值指令格式：G91 X_ Y_ Z_ ；

【例 1-1】 如图 1-3 所示，刀具由原点按顺序向 1、2、3 点移动时，用 G90、G91 指令编程。

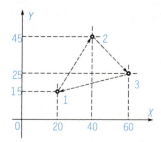

G90 G01 X20 Y15 F100   G90 G01 X20 Y15 F100
G01 X40 Y45 F100   G91 G01 X20 Y30 F100
G01 X60 Y25 F100   G91 G01 X20 Y-20 F100
G0 X0 Y0   G90 G0 X0 Y0

▲图 1-3 G90、G91 指令编程

4. 模态指令与非模态指令

模态指令：又称续效指令，一经程序段中指定便一直有效，直到以后程序中出现同组另一指令或被其他指令取消时才失效；在程序编写时，与上段相同的模态指令可以省略不写，不同组模态指令编写在同一程序段中，不影响其续效性。

非模态指令：又称非续效指令，仅在出现的程序段中有效，下一段程序需要时必须重写。

六、练习与提高

用 φ6 的刀具铣"X、Y、Z"三个字母，如图 1-4 所示，深度为 2 mm，试编程。

工件坐标系如图 1-4 所示，设程序启动时刀心位于工件坐标系的（0，0，300）处，下刀速度为 50 mm/min，切削速度为 150 mm/min，主轴转速为 1 000 r/min。

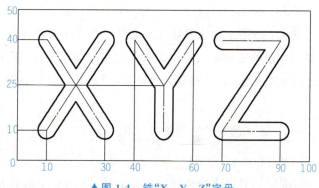

▲图 1-4 铣"X、Y、Z"字母

项目二 规则曲线加工

大国重器·
发动中国

一、任务目标

- 掌握与编程有关的基本指令。
- 掌握数控铣床基本编程指令的使用方法。
- 掌握简单的 G 指令及程序编程方法。
- 了解安全文明操作机床的规程。
- 激发学生的实习热情。

二、任务资讯

圆与圆弧是数控铣削加工中常见的轮廓形状。常用 G02 指令和 G03 指令,每种指令的编程方法有各自的特点。本次任务以图 2-1 为例,重点讲解外轮廓加工中圆与圆弧编程指令的运用(注:在本次任务中不考虑刀具的半径问题)。

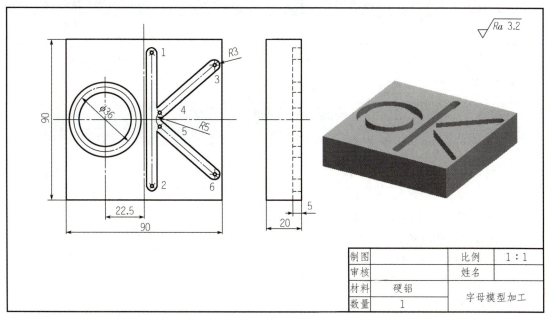

▲ 图 2-1 字母模型加工

选用合适的刀具加工如图 2-1 所示的零件,毛坯尺寸为 90 mm×90 mm×20 mm,加工深度为 5 mm,完成轮廓切削加工。

三、任务实施

1. 加工准备

(1)详细阅读零件图,并按照图纸检查坯料的尺寸。
(2)编制加工程序,输入程序并选择该程序。
(3)用平口钳装夹工件,伸出钳口 8 mm 左右,用百分表找正。
(4)安装寻边器,确定工件零点为坯料上表面的中心,设定可选择工件坐标系。
(5)选择合适的铣刀并对刀,设定加工相关参数,选择自动加工方式加工零件。

2. 工艺分析及处理

(1)零件图样分析。了解零件的材质、尺寸要求、形位公差、精度要求、零件的加工形状(在毛坯为 90 mm×90 mm×20 mm 的长方体铝块上加工一个如图 2-1 所示零件)。
(2)加工工艺分析。
①加工机床的选择。
②根据图纸要求选择合适的刀具;切削用量(S、F、a_p);确定零件的加工路线、下刀点、切入点、退刀点。

刀具的选择:选用直径为 63 mm 的面铣刀;直径为 6 mm 的键槽铣刀,见表 2-1、表 2-2。

▼表 2-1 刀具卡

刀具号	刀具名称	刀具规格	刀具材料
T1	面铣刀	φ63	涂层刀片
T2	键槽铣刀	φ6	高速钢

▼表 2-2 工序卡

工步	工步内容	刀具号	主轴转速 /(r·min^{-1})	进给量 /(mm·min^{-1})	背吃刀量 /mm	切削余量 /mm
1	铣削上表面	T1	700	100	0.5	0
2	铣削字母	T2	1 500	150	5	0

(3)基点计算。本例中,各点坐标如下:
1(4.5, 37) 2(4.5, −37);
3(40.5, 30.32) 4(9.04, 3.82);
5(9.04, −3.82) 6(40.5, −30.32);
原点 O(0, 0)。
(4)编写程序单。

(5)输入程序单。
(6)模拟、加工、检验。

3. 参考程序

程序内容	程序说明
G90 G17 G54	程序号
M03 S1500	=>刀具正转，转速为 1 500 r/min
G00 X-4.5 Y0 Z100;	=>刀具到达整圆起始点上方
G0 Z5;	=>刀具快速接近工件
G01 Z-5 F50	=>刀具切入工件 5 mm，用绝对值表示
G02 I-18 F200;	=>铣削整圆
G0 Z100;	=>刀具远离工件
G0 X4.5 Y37;	=>刀具到达字母"K"的第 1 点上方
G0 Z5;	=>刀具快速接近工件
G01 Z-5 F50;	=>刀具切入工件 5 mm 用绝对值表示
G01 X4.5 Y-37;	=>刀具从 1 点到 2 点
G0 Z100;	=>刀具远离工件
G0 X40.5 Y30.32;	=>刀具到达字母"K"的第 3 点上方
G0 Z5;	=>刀具快速接近工件
G01 Z-5 F50;	=>刀具切入工件 5 mm，用绝对值表示
G01 X9.04 Y3.82;	=>刀具从 3 点到 4 点
G03 X9.04 Y-3.82 R5;	=>刀具从 4 点到 5 点
G01 X40.5 Y-30.32;	=>刀具从 5 点到 6 点
G00 Z100;	=>加工结束，刀具抬离工件 100 mm

4. 注意事项

(1)使用寻边器确定工件零点时应采用碰双边法。
(2)精铣时采用顺铣方法，以提高表面加工质量。
(3)应根据加工情况随时调整进给开关和主轴转速倍率开关。
(4)键槽铣刀的垂直进给量不能太大，为平面进给量的 1/3～1/2。

四、任务评价

项目	评分要素	配分	评分标准	检测结果	得分
编程 (20分)	加工工艺路线制订	5	加工工艺路线制订正确		
	刀具及切削用量选择	5	刀具及切削用量选择合理		
	程序编写正确性	10	程序编写正确、规范		

续表

项目	评分要素	配分	评分标准	检测结果	得分
操作 (30分)	手动操作	10	对刀操作不正确扣5分		
	自动运行	10	程序选择错误扣5分 启动操作不正确扣5分 F、S调整不正确扣2分		
	参数设置	10	零点偏置设定不正确扣5分 刀补设定不正确扣5分		
工件质量 (30分)	形状	10	有一处过切扣2分 有一处残余余量扣2分		
	尺寸	16	每超0.02 mm扣2分		
	表面粗糙度	4	每降一级扣1分		
工量刃具的 使用与维护 (10分)	常用工量刃具的使用	10	使用不当每次扣2分		
安全文明 生产(10分)	正确执行安全技术操作规程，按企业有关的文明生产规定，做到工作地整洁、工件、工具摆放整齐	10	严格执行制度、规定者满分，执行差者酌情扣分		
综合评价					

五、相关资讯

1. G02/G03 圆弧顺/逆时针插补

格式：

G90/G91 G17 G02/G03 X_ Y_ $\left\{\begin{array}{ll}R\_ & F\_;\\ I\_ & J\_\end{array}\right\}$

G90/G91 G18 G02/G03 X_ Z_ $\left\{\begin{array}{ll}R\_ & F\_;\\ I\_ & K\_\end{array}\right\}$

G90/G91 G19 G02/G03 Y_ Z_ $\left\{\begin{array}{ll}R\_ & F\_;\\ J\_ & K\_\end{array}\right\}$

注：在此处有一个思考题，如果在每个语句中把三个坐标轴都写出来，那么加工出来的图形形状是什么样子呢？

各代码的含义：

G17：圆弧插补平面在 XY 面；

G18：圆弧插补平面在 XZ 面；

G19：圆弧插补平面在 YZ 面；

G02：顺时针圆弧插补；

G03：逆时针圆弧插补；

X、Y、Z：圆弧终点的位置；

F：进给速度；

R：圆弧半径；

I、J、K：圆弧圆心相对于圆弧起点的增量。

2. G02/G03 的判别方法

G02/G03 的判别方法，如图 2-2 所示。

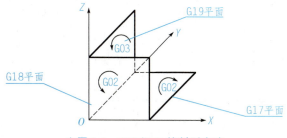

▲图 2-2　G02/G03 的判别方法

3. 注意事项

(1) R 与 I、J、K 不应同时出现在同一个程序段里。

(2) 当圆弧圆心角大于 180°时，R 值为负。

(3) 加工整圆时，只能用 I、J、K 的方式。

举例说明，如图 2-3 所示。

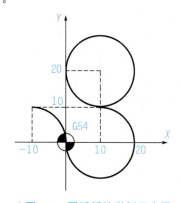

▲图 2-3　圆弧插补举例示意图

此程序不考虑具体加工深度，只考虑加工轨迹和路线，见表 2-3、表 2-4。

项目二 规则曲线加工

▼ 表2-3 绝对坐标方式编制圆弧

G90方式：	程序段解释
G90 G54 G01 X-10 Y10 F_ ;	定位到起始点(-10, 10)
G02 X0 Y0 R10;	顺时针圆弧轨迹到(0, 0)
G03 X10 Y10 R-10;	逆时针圆弧轨迹到(10, 10)
G02 X10 Y10 I0 J10;(此处也可写成 G02 J10)	顺时针圆弧轨迹到(10, 10)

▼ 表2-4 相对坐标方式编制圆弧

G91方式：	程序段解释
G90 G54 G01 X-10 Y10 F_ ;	定位到起始点(-10, 10)
G91 G02 X10 Y-10 R10;	相对编程方式顺时针圆弧插补
G03 X10 Y10 R-10;	逆时针圆弧插补
G02 X0 Y0 I0 J10;(此处也可写成 G02 J10)	顺时针圆弧插补
G90	回复到绝对坐标方式

六、练习与提高

用 φ6 的刀具铣"Z、C"两个字母，如图2-4所示，深度为2 mm，试编程。

工件坐标系如图2-4所示，设程序启动时刀心位于工件坐标系(0，0，100)处，下刀速度为50 mm/min，切削速度为150 mm/min，主轴转速为1 500 r/min。

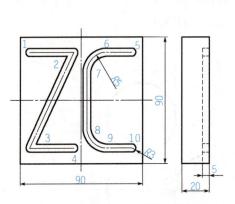

▲ 图2-4 铣"Z、C"字母

项目三 槽类加工训练

大国重器·
造血通脉

一、任务目标

- 掌握简单基本指令的编程格式。
- 了解槽类零件的工艺要求。
- 掌握加工槽类的刀具及合理切削用量的选择。
- 掌握走刀路线,能正确确定刀具长度补偿参数。

高速铣床
加工零件

二、任务资讯

零件材料为硬铝,切削性能较好,图 3-1 中主要尺寸注明公差,要考虑精度问题。选用合适的刀具加工如图 3-1 所示的零件,毛坯尺寸为 90 mm×90 mm×20 mm,加工深度为 5 mm,已完成上下平面及周边的加工,如图 3-1 所示(注:在本次任务中不考虑刀具的半径问题)。

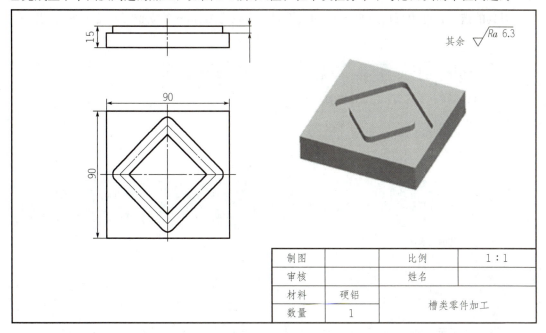

▲图 3-1 槽类零件加工

三、任务实施

1. 加工准备

(1)详细阅读零件图,并按照图纸检查坯料的尺寸。

(2)编制加工程序,输入程序并选择该程序。

(3)用平口虎钳装夹工件,伸出钳口 8 mm 左右,用百分表找正。

(4)安装寻边器,确定工件零点为坯料上表面的中心,设定可选择工件坐标系。

(5)选择合适的铣刀并对刀,设定加工相关参数,选择自动加工方式加工零件。

2. 工艺分析及处理

(1)零件图样分析。了解零件的材质、尺寸要求、形位公差、精度要求、零件的加工形状。

(2)加工工艺分析。

①加工机床的选择。

②工件的装夹以已加工的底面和侧面为定位基准,在机用平口钳上装夹工件,工件顶面高于钳口 10 mm 左右,工件底面用垫块垫起,在平口钳上夹紧前后两侧面。

③走刀路线。选用键槽铣刀从 A 点下刀,按 $A \rightarrow B \rightarrow C \rightarrow D \rightarrow F$。

④根据图纸要求选择合适的刀具;切削用量(S、F、a_p);确定零件的加工路线、下刀点、切入点、退刀点。

刀具的选择:选用直径为 63 mm 的面铣刀;直径为 12 mm 的立铣刀,见表 3-1、表 3-2。

▼ 表 3-1 刀具卡

刀具号	刀具名称	刀具规格	刀具材料
T1	面铣刀	$\phi 63$	涂层刀片
T2	立铣刀	$\phi 12$	高速钢

▼ 表 3-2 工序卡

工步	工步内容	刀具号	主轴转速 /(r·min^{-1})	进给量 /(mm·min^{-1})	背吃刀量 /mm	切削余量 /mm
1	铣削上表面	T1	700	100	0.5	0
2	铣槽	T2	1 200	150	5	0.2
3	铣槽	T2	2 000	200	5	0

如图 3-2 所示,由 A 点下刀,加工工件一圈后由 F 点抬刀,即 $A \rightarrow B \rightarrow C \rightarrow D \rightarrow F$。

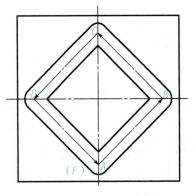

▲图 3-2 加工工件

⑤确定零件的加工顺序；铣削方式（顺铣、逆铣）；粗、精加工余量。

(3) 基点计算。根据图纸要求合理运用数学知识进行相关点的计算。

$A(0,-35.44)$；$B(-35.44,0)$；

$C(0,35.44)$；$D(35.44,0)$；

原点 $O(0,0)$。

(4) 编写程序单。

(5) 输入程序单。

(6) 模拟、加工、检验。

3. 参考程序

程序内容	程序说明
G90 G17	程序号
M03 S1200	=>刀具正转，转速为 1 200 r/min
G00 X0 Y-35.44;	=>刀具到达 A 点，用绝对值表示
G01 Z-5 F100	=>刀具切入工件 5 mm，用绝对值表示
G01 X-35.44 F200;	=>A→B，默认用绝对值表示
Y35.44	=>B→C，默认用绝对值表示
X35.44	=>C→D，默认用绝对值表示
G00 Z50	=>轮廓加工结束，刀具抬离工件 50 mm

4. 注意事项

(1) 使用寻边器确定工件零点时应采用碰双边法。

(2) 精铣时采用顺铣方法，以提高表面加工质量。

(3) 应根据加工情况随时调整进给开关和主轴转速倍率开关。

(4) 键槽铣刀的垂直进给量不能太大，为水平进给量的 1/3～1/2。

四、任务评价

项目	评分要素	配分	评分标准	检测结果	得分
编程 （20分）	加工工艺路线制订	5	加工工艺路线制订正确		
	刀具及切削用量选择	5	刀具及切削用量选择合理		
	程序编写正确性	10	程序编写正确、规范		
操作 （30分）	手动操作	10	对刀操作不正确扣5分		
	自动运行	10	程序选择错误扣5分 启动操作不正确扣5分 F、S调整不正确扣2分		
	参数设置	10	零点偏置设定不正确扣5分 刀补设定不正确扣5分		
工件质量 （30分）	形状	10	有一处过切扣2分 有一处残余余量扣2分		
	尺寸	16	每超0.02 mm扣2分		
	表面粗糙度	4	每降一级扣1分		
工量刃具的 使用与维护 （10分）	常用工量刃具的使用	10	使用不当每次扣2分		
安全文明 生产(10分)	正确执行安全技术操作规程，按企业有关的文明生产规定，做到工作地整洁，工件、工具摆放整齐	10	严格执行制度、规定者满分，执行差者酌情扣分		
综合评价					

五、相关资讯

在铣削封闭的内轮廓或者槽时，刀具的切入或切出不允许外延，最好选在两面的交界处，否则，会产生刀痕。为保证表面质量，一般选择下图所示的走刀路线。如图3-3(a)所示为用行切方式加工内腔的走刀路线，这种走刀能切除内腔中的全部余量，不留死角，不伤轮廓。但行切法将在两次走刀的起点和终点间留下残留高度，而达不到要求的表面粗糙度。所以如采用图3-3(b)所示的走刀路线，先用行切法，最后沿周向环切一刀，光整轮廓表面，能获得较好的效果。图3-3(c)也是一种较好的走刀路线方式。

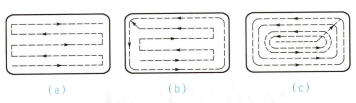

▲ 图 3-3　铣削内腔的三种走刀路线

(a)路线 1；(b)路线 2；(c)路线 3

六、练习与提高

如图 3-4 所示，零件材质为硬铝，切削性能较好，加工部分由沟槽构成，用 $\phi 6$ 的刀具加工槽深为 4 mm，零件毛坯为 90 mm×90 mm×20 mm 的方料。试编程。

工件坐标系如图 3-4 所示，设程序启动时刀心位于工件坐标系的(0，0，30)处，下刀速度为 50 mm/min，切削速度为 150 mm/min，主轴转速为 1 200 r/min。

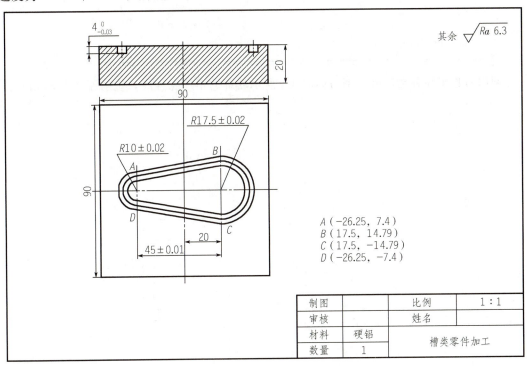

▲ 图 3-4　槽类零件加工

项目四

简单零件加工

大国重器·
布局海洋

一、任务目标

- 掌握刀具半径补偿的格式。
- 掌握刀具半径补偿的判定方法。
- 熟练运用刀具半径补偿在数控编程中的技巧。
- 掌握刀具半径补偿的判定及运用。

二、任务资讯

利用刀具半径补偿功能,编写如图 4-1 所示轮廓的精加工程序,铣削深度为 5 mm。

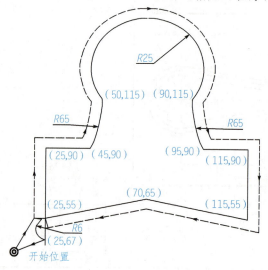

▲图 4-1 工件精加工

三、任务实施

1. 加工准备

(1)详细阅读零件图,并按照图纸检查坯料的尺寸。
(2)编制加工程序,输入程序并选择该程序。

(3)用平口虎钳装夹工件,伸出钳口 8 mm 左右,用百分表找正。

(4)安装寻边器,确定工件零点为坯料上表面的中心,设定可选择工件坐标系。

(5)选择合适的铣刀并对刀,设定加工相关参数,选择自动加工方式加工零件。

2. 工艺分析及处理

(1)零件图样分析。了解零件的材质、尺寸要求、形位公差、精度要求、零件的加工形状。

(2)加工工艺分析。

①加工机床的选择。

②根据图纸要求选择合适的刀具;切削用量(S、F、a_p);确定零件的加工路线、下刀点、切入点、退刀点,见表 4-1、表 4-2。

③确定零件的加工顺序;铣削方式(顺铣、逆铣);粗、精加工余量。

▼表 4-1　刀具卡

刀具号	刀具名称	刀具规格	刀具材料
T1	面铣刀	ϕ100	涂层刀片
T2	键槽铣刀	ϕ12	高速钢
T3	键槽铣刀	ϕ8	硬质合金

▼表 4-2　工序卡

工步	工步内容	刀具号	主轴转速 /(r·min^{-1})	进给量 /(mm·min^{-1})	背吃刀量 /mm	切削余量 /mm
1	铣削上表面	T1	700	100	0.5	0
2	粗加工外形轮廓	T2	800	150	2	0.5
3	精加工外形轮廓	T3	1 500	200	4	0

(3)基点计算。根据图纸要求合理运用数学知识进行相关点的计算。

(4)编写程序单。

(5)输入程序单。

(6)模拟、加工、检验。

3. 参考程序

利用刀具半径补偿功能,编写如图 4-1 所示轮廓的精加工程序,铣削深度为 5 mm。

程序内容	程序说明
SK02.MPF;	=>程序名
G54 G90 G17 G40;	=>程序起始
M03 S1000;	=>刀具正转,转速为 1000 r/min
G00 X0 Y0 Z20;	=>程序检验

续表

程序内容	程序说明
X-20;	=>刀具快速接近工件
Z5;	=>刀具Z方向下降5mm,用绝对值表示
M07;	=>切削液开
G01 Z-5 F100;	=>刀具切入工件5mm,用绝对值表示
G41 G01 X25 D1;	=>建立刀具的半径补偿
Y90;	
X45;	
G03 X50 Y115 CR=65 F150;	
G02 X90 CR=-25;	刀具半径补偿的执行
G01 X115;	
Y55;	
X70 Y65;	
X25 Y55;	
G03 Y67 CR=6;	=>刀具以圆弧的方式切出工件
G40;	=>取消刀具半径补偿
G0 Z50;	=>加工结束,刀具抬离工件50mm
M09;	=>切削液关
M05;	=>主轴停
M30;	=>程序结束、光标返回到程序开头

4. 注意事项

(1)建立补偿的程序段,必须是在补偿平面内不为零的直线移动。

(2)建立补偿的程序段,一般应在切入工件之前完成。

(3)撤消刀具半径补偿的程序段,一般应在切出工件之后完成。

(4)为了保证刀补建立与取消时刀具与工件的安全,通常采用G01运动方式建立或取消刀补;如采用G00运动方式建立或取消刀补,可采用先建立刀补再下刀或先退刀再取消刀补的编程方法。

四、任务评价

项目	评分要素	配分	评分标准	检测结果	得分
编程 (20分)	加工工艺路线制订	5	加工工艺路线制订正确		
	刀具及切削用量选择	5	刀具及切削用量选择合理		
	程序编写正确性	10	程序编写正确、规范		

续表

项目	评分要素	配分	评分标准	检测结果	得分
操作 （30分）	手动操作	10	对刀操作不正确扣5分		
	自动运行	10	程序选择错误扣5分 启动操作不正确扣5分 F、S调整不正确扣2分		
	参数设置	10	零点偏置设定不正确扣5分 刀补设定不正确扣5分		
工件质量 （30分）	形状	10	有一处过切扣2分 有一处残余余量扣2分		
	尺寸	16	每超0.02 mm扣2分		
	表面粗糙度	4	每降一级扣1分		
工量刃具的使用与维护(10分)	常用工量刃具的使用	10	使用不当每次扣2分		
安全文明生产（10分）	正确执行安全技术操作规程，按企业有关的文明生产规定，做到工作地整洁，工件、工具摆放整齐	10	严格执行制度、规定者满分，执行差者酌情扣分		
综合评价					

五、相关资讯

1. 刀具补偿功能

（1）刀位点的概念。在数控编程过程中，为了编程人员的方便，通常将数控刀具假想成一个点，这个点称为刀位点，如图4-2所示。

刀尖圆弧半径补偿及刀沿设置

▲图4-2 数控机床常用刀位点确定

项目四 简单零件加工

（2）刀具补偿功能的概念。在实际加工中通过刀具补偿指令，使数控机床根据实际使用的刀具尺寸，自动调整各坐标轴的移动量，确保实际加工轮廓和编程轨迹完全一致，数控机床的这种根据实际刀具尺寸自动改变坐标轴位置，使实际加工轮廓和编程轨迹完全一致的功能称为刀具补偿功能。

（3）刀具半径补偿的意义。零件加工程序通常是按零件轮廓编制的，而数控机床在加工过程中的控制点是刀具中心，因此，在数控加工前数控系统必须将零件轮廓变换成刀具中心的轨迹。只有将编程轮廓数据变换成刀具中心轨迹数据才能用于插补。在数控铣床上进行轮廓加工时，因为铣刀有一定的半径，所以刀具中心（刀心）轨迹和工件轮廓不重合，如不考虑刀具半径，直接按照工件轮廓编程比较方便，而加工出的零件尺寸比图样要求小了一圈（加工外轮廓时），或大了一圈（加工内轮廓时），为此必须使刀具沿工件轮廓的方向偏移一个刀具半径，这就是所谓的刀具半径补偿指令。应用刀具半径补偿功能时，只需按工件轮廓轨迹进行编程，然后将刀具半径值输入数控系统中，执行程序时，系统会自动计算刀具中心轨迹，进行刀具半径补偿，从而加工出符合要求的工件形状，当刀具半径发生变化时也无需更改加工程序，使编程工作大大简化。实践证明，灵活应用刀具半径补偿功能，合理设置刀具半径补偿值，在数控加工中有着重要的意义，如图4-3所示。

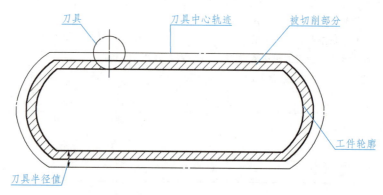

▲图 4-3　刀具半径补偿功能示意图

🔍 2. 刀具半径补偿的格式

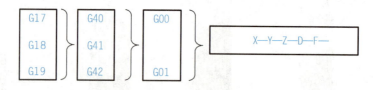

参数说明：

G17 G18 G19　　　　　工作平面的选择；

G41　　　　　　　　　刀具半径左补偿；

G42　　　　　　　　　刀具半径右补偿；

G40　　　　　　　　　刀具半径补偿取消；

22

X Y Z　　　　　　　G00/G01 的参数,即刀具半径补偿的建立或取消的点坐标;

D　　　　　　　　为刀具半径补偿代号地址字(D00~D99),后面一般用两位数字表示代号。刀具半径值用 CRT/MDI 方式输入;

F　　　　　　　　进给率。

3. 刀具半径补偿的判定

(1)G41 为左偏刀具半径补偿,定义为假设工件不动,沿刀具运动方向,刀具在工件左侧的刀具半径补偿,如图 4-4 所示。

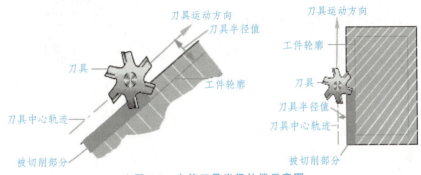

▲图 4-4　左偏刀具半径补偿示意图

(2)G42 为右偏刀具半径补偿,定义为假设工件不动,沿刀具运动方向,刀具在工件右侧的刀具半径补偿,如图 4-5 所示。

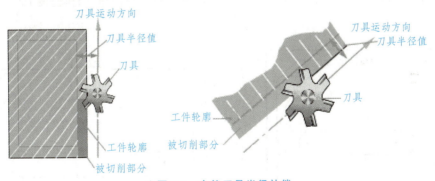

▲图 4-5　右偏刀具半径补偿

4. 刀具半径补偿的步骤

(1)刀具半径补偿的建立:刀具由起点接近工件。因为建立刀具补偿,所以执行本程序段后,刀具中心轨迹的终点不再是下一个程序段的起点。

(2)刀具半径补偿的运行:刀具半径补偿一旦建立,刀具半径补偿的状态就一直保持到刀具半径补偿撤消。

(3)刀具半径补偿的撤消:当零件的轮廓已经加工完成后,刀具离开工件回到起刀点。以 G42 为例,刀具半径补偿建立的过程,如图 4-6 所示。

项 目 四　简单零件加工

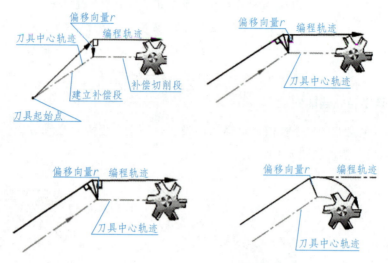

▲图 4-6　以 G42 为例,刀具半径补偿建立的过程示意图

六、练习与提高

加工如图 4-7 所示的工件,毛坯为 90 mm×90 mm×90 mm 的铝块,现加工外接圆为 80 mm 的正六边形轮廓,轮廓深为 5 mm,要求轮廓面和台阶面表面粗糙度 $Ra=1.6\ \mu m$。

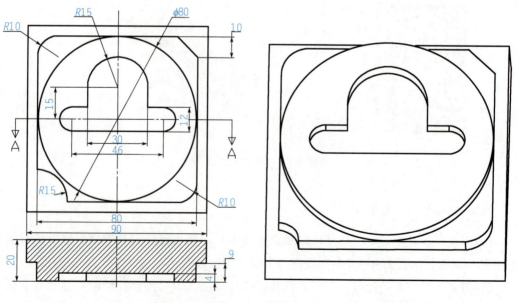

▲图 4-7　工件加工

项目五

轮廓加工

大国重器·
智造先锋

一、任务目标

- 掌握倒圆、倒角指令的格式。
- 学会利用倒圆、倒角指令进行编程。
- 掌握轮廓编程指令的相关编程方法。
- 了解两个倒角指令的区别。

二、任务资讯

本项目的待加工零件为 80 mm×80 mm 的凸台,如图 5-1 所示。已知毛坯为 90 mm×90 mm×90 mm 的铝块,要求制定零件的加工工艺;编写数控加工程序;通过数控仿真加工调试;优化程序;最后进行零件的加工检验。

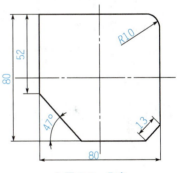

▲图 5-1 凸台

三、任务实施

1. 加工准备

(1)详细阅读零件图,并按照图纸检查坯料的尺寸。
(2)编制加工程序,输入程序并选择该程序。
(3)用平口钳装夹工件,伸出钳口 8 mm 左右,用百分表找正。
(4)安装寻边器,确定工件零点为坯料上表面的中心,设定可选择工件坐标系。
(5)选择合适的铣刀并对刀,设定加工相关参数,选择自动加工方式加工零件。

2. 工艺分析及处理

(1)零件图样分析。了解零件的材质、尺寸要求、形位公差、精度要求、零件的加工形状。
(2)加工工艺分析。
①加工机床的选择。

②根据图纸要求选择合适的刀具；切削用量（S、F、a_p）；确定零件的加工路线、下刀点、切入点、退刀点。

▼表 5-1　刀具卡

刀具号	刀具名称	刀具规格	刀具材料
T1	面铣刀	$\phi 100$	涂层刀片
T2	键槽铣刀	$\phi 12$	高速钢
T3	键槽铣刀	$\phi 8$	硬质合金

③确定零件的加工顺序；铣削方式（顺铣、逆铣）；粗、精加工余量。

▼表 5-2　工序卡

工步	工步内容	刀具号	主轴转速（$r \cdot min^{-1}$）	进给量（$mm \cdot min^{-1}$）	切削深度 /mm	切削余量 /mm
1	铣削上表面	T1	700	100	0.5	0
2	粗加工外形轮廓	T2	800	150	4	0.5
3	粗加工 $\phi 30$ 的圆	T2	800	150	6	0.5
4	精加工外形轮廓	T3	1500	200	4	0
5	精加工 $\phi 30$ 的圆	T3	1200	150	6	0

（3）基点计算。根据图纸要求合理运用数学知识进行相关点的计算。

（4）编写程序单。

（5）输入程序单。

（6）模拟、加工、检验。

3. 参考程序

程序内容	程序说明
Sk01.MPF;	=>程序名
G54 G90 G17 G40;	=>程序起始
M03 S1500;	=>刀具正转，转速为 1000 r/min
G00 X0 Y0;	=>程序检验
Z5;	=>刀具 Z 方向下降 5 mm，用绝对值表示
Y- 60;	
G01 Z- 2 F200;	=>刀具切入工件 2 mm，用绝对值表示
Y- 45;	
G42 G01 Y- 40 D1;	=>建立刀具的半径补偿
G01 X40 CHF= 13;	=>加工 13 mm 长的斜边
X40 Y40 RND= 10;	=>加工半径为 10 mm 的圆弧
X- 40;	
Y- 12;	
Y- 40 ANG= 313;	=>加工 47 度斜边
G01 X80;	
G40;	=>取消刀具半径补偿
G00 Z50;	=>加工结束，刀具抬离工件 50 mm
M05;	=>主轴停
M30;	=>程序结束，光标返回到程序开头

四、任务评价

项目	评分要素	配分	评分标准	检测结果	得分
编程 (20分)	加工工艺路线制订	5	加工工艺路线制订正确		
	刀具及切削用量选择	5	刀具及切削用量选择合理		
	程序编写正确性	10	程序编写正确、规范		
操作 (30分)	手动操作	10	对刀操作不正确扣5分		
	自动运行	10	程序选择错误扣5分 启动操作不正确扣5分 F、S调整不正确扣2分		
	参数设置	10	零点偏置设定不正确扣5分 刀补设定不正确扣5分		
工件质量 (30分)	形状	10	有一处过切扣2分 有一处残余余量扣2分		
	尺寸	16	每超0.02 mm扣2分		
	表面粗糙度	4	每降一级扣1分		
工量刃具的使用与维护 (10分)	常用工量刃具的使用		使用不当每次扣2分		
安全文明生产(10分)	正确执行安全技术操作规程，按企业有关的文明生产规定，做到工作地整洁，工件、工具摆放整齐	10	严格执行制度、规定者满分，执行差者酌情扣分		
综合评价					

五、相关资讯

1. 倒圆、倒角

（1）倒圆。CHR＝…插入倒角，数值；倒角长度。在拐角处的两直线之间插入一段直线，编程值即为倒角的直角边长。

（2）倒角。CHF＝…插入倒角，数值；倒角长度。直线轮廓和圆弧轮廓的任意组合之间切入一直线段，并倒去棱角。编程值即为倒角的斜边长。

操作步骤如下：

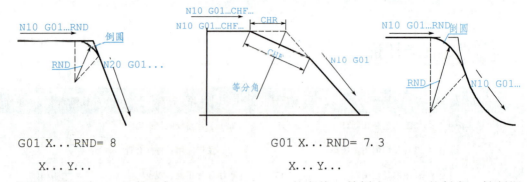

G01 X...RND=8
X...Y...

G01 X...RND=7.3
X...Y...

【例 5-1】 用 φ40 立铣刀加工 30 mm×30 mm 的方块，并倒出 8 mm 的斜角，铣削深度为 10 mm，如图 5-2 所示。

程序内容	程序说明
G54 G90 G17 G40	
T1 D1	
M03 S350	
G00 X0 Y0 Z30	
X-10 Y-30	
G01 Z-10 F160	
G01 G42 X-10 Y0 D1	左下角下刀建立刀补
G01 X30 Y0 CHF=8	加工到右下角
X30 Y30 CHF=8	加工到右上角
X0 Y30 CHF=8	加工到左上角
X0 Y0 CHF=8	加工到左下角
X20	
G00 G40 Y-30	
Z30	
M05	
M30	

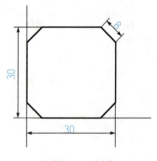

▲图 5-2　倒角

2. 定义直线的角度参数

如果在平面中一条直线只给出一终点坐标，或几个程序段确定的轮廓仅给出其最终终点坐标，则可以通过一个角度参数来明确地定义该直线，角度以逆时针方向为正方向。

【例 5-2】 如图 5-3 所示，内容如下：

N20 内的终点非完全已知

N10 G01 X1 Y1

N20 X2 ANG= …

或

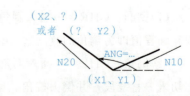

▲图 5-3　角度参数

N10 G01 X1 Y1

N20 Y2 ANG= ⋯

编程示例见表 5-1。

▼ 表 5-1　编程

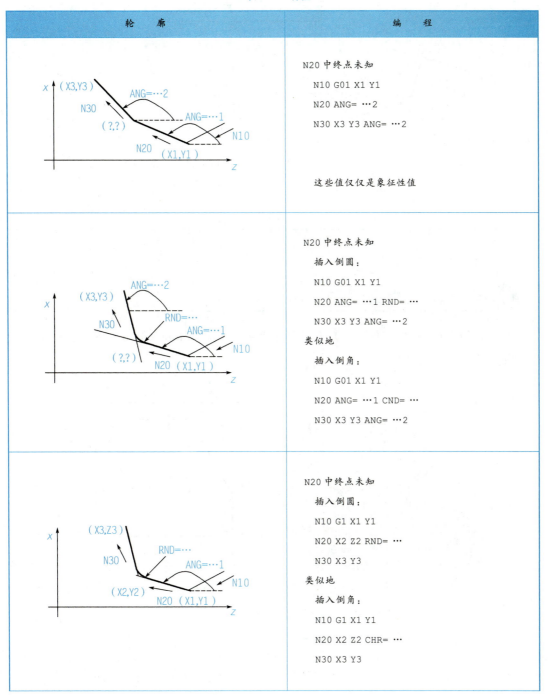

轮　　廓	编　　程
	N20 中终点未知 N10 G01 X1 Y1 N20 ANG= ⋯2 N30 X3 Y3 ANG= ⋯2 这些值仅仅是象征性值
	N20 中终点未知 　插入倒圆： N10 G01 X1 Y1 N20 ANG= ⋯1 RND= ⋯ N30 X3 Y3 ANG= ⋯2 类似地 　插入倒角： N10 G01 X1 Y1 N20 ANG= ⋯1 CND= ⋯ N30 X3 Y3 ANG= ⋯2
	N20 中终点未知 　插入倒圆： N10 G1 X1 Y1 N20 X2 Z2 RND= ⋯ N30 X3 Y3 类似地 　插入倒角： N10 G1 X1 Y1 N20 X2 Z2 CHR= ⋯ N30 X3 Y3

续表

轮　廓	编　程
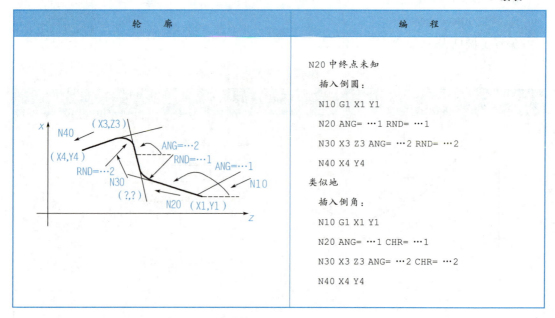	N20 中终点未知 插入倒圆： N10 G1 X1 Y1 N20 ANG= …1 RND= …1 N30 X3 Z3 ANG= …2 RND= …2 N40 X4 Y4 类似地 插入倒角： N10 G1 X1 Y1 N20 ANG= …1 CHR= …1 N30 X3 Z3 ANG= …2 CHR= …2 N40 X4 Y4

六、练习与提高

加工如图 5-4 所示的零件，已知毛坯尺寸为 90 mm×90 mm×90 mm 硬铝，试编写加工程序，并在数控铣床上进行加工。

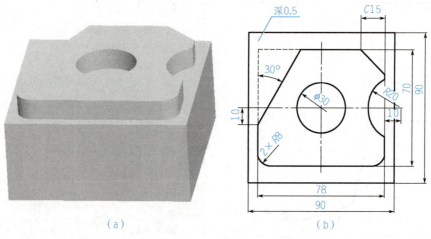

▲图 5-4　零件加工
(a)毛坯；(b)倒角示意图

项目六

多边形加工

杨峰：数控机床操作者，航天逐梦人

一、任务目标

- 掌握极坐标编程的指令格式。
- 掌握极坐标原点的设定方法。
- 熟练运用极坐标指令进行零件的加工。
- 掌握极坐标指令进行编程加工方法。

薄壁零件加工示例

二、任务资讯

对于如图 6-1 所示零件的外形轮廓零件的铣削加工，采用极坐标编程。

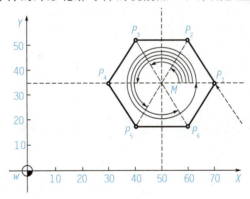

▲图 6-1 零件外形轮廓铣削加工

三、任务实施

1. 加工准备

(1) 详细阅读零件图，并按照图纸检查坯料的尺寸。
(2) 编制加工程序，输入程序并选择该程序。
(3) 用平口虎钳装夹工件，伸出钳口 8 mm 左右，用百分表找正。
(4) 安装寻边器，确定工件零点为坯料上表面的中心，设定可选择工件坐标系。
(5) 选择合适的铣刀并对刀，设定加工相关参数，选择自动加工方式加工零件。

31

2. 工艺分析及处理

（1）零件图样分析。了解零件的材质、尺寸要求、形位公差、精度要求、零件的加工形状。

（2）加工工艺分析。

①加工机床的选择。

②根据图纸要求选择合适的刀具；切削用量（S、F、a_p）；确定零件的加工路线、下刀点、切入点、退刀点。

▼表 6-1 刀具卡

刀具号	刀具名称	刀具规格	刀具材料
T1	面铣刀	$\phi 100$	涂层刀片
T2	键槽铣刀	$\phi 12$	高速钢

③确定零件的加工顺序；铣削方式（顺铣、逆铣）；粗、精加工余量。

▼表 6-2 工序卡

工步	工步内容	刀具号	主轴转速 $(r \cdot min^{-1})$	进给量 $(mm \cdot min^{-1})$	切削深度 /mm	切削余量 /mm
1	铣削上表面	T1	700	100	0.5	0
2	粗加工外形轮廓	T2	800	150	10	0.5
3	粗加工六边形外轮廓	T2	800	150	5	0.5
4	精加工外形轮廓	T2	1500	200	10	0
5	精加工六边形外轮廓	T2	1500	200	5	0

（3）基点计算。根据图纸要求合理运用数学知识进行相关点的计算。

（4）编写程序单。

程序内容	程序说明
N10 G90 G01 X70 Y35	/从当前位置直线插补运动到点 P_1
N20 G111 X50 Y35 RP= 20 AP= 60	/极坐标直线插补运动到 P_2 点：极坐标原点为/(50, 35)，极坐标半径为 20 mm，极坐标转动角度为 60
N30 AP= 120	/极坐标直线插补运动到 P_3 点
N40 AP= 180	/极坐标直线插补运动到 P_4 点
N50 AP= 240	/极坐标直线插补运动到 P_5 点
N60 AP= 300	/极坐标直线插补运动到 P_6 点
N70 AP= 360	/极坐标直线插补运动到 P_1 点

（5）输入程序单。

（6）模拟、加工、检验。

3. 注意事项

（1）使用寻边器确定工件零点时应采用碰双边法。

(2)精铣时采用顺铣方法,以提高表面加工质量。
(3)应根据加工情况随时调整进给开关和主轴转速倍率开关。

四、任务评价

项目	评分要素	配分	评分标准	检测结果	得分
编程 (20分)	加工工艺路线制订	5	加工工艺路线制订正确		
	刀具及切削用量选择	5	刀具及切削用量选择合理		
	程序编写正确性	10	程序编写正确、规范		
操作 (30分)	手动操作	5	对刀操作不正确扣5分		
	自动运行	10	程序选择错误扣5分 启动操作不正确扣5分 F、S调整不正确扣2分		
操作 (30分)	参数设置	10	零点偏置设定不正确扣5分 刀补设定不正确扣5分		
工件质量 (30分)	形状	10	有一处过切扣2分 有一处残余余量扣2分		
	尺寸	16	每超0.02 mm扣2分		
	表面粗糙度	4	每降一级扣1分		
工量刃具的 使用与维护 (10分)	常用工量刃具的使用	10	使用不当每次扣2分		
安全文明生产 (10分)	正确执行安全技术操作规程,按企业有关的文明生产规定,做到工作地整洁、工件、工具摆放整齐	10	严格执行制度、规定者满分,执行差者酌情扣分		
综合评价					

五、相关资讯

在平面上取一点 O,自点 O 引一条射线 OX,同时,确定一个单位长度和计量角度的正方向（通常取逆时针方向为正方向），这样就建立一个极坐标（其中 O 为极点，OX 为极半径）。

当使用极坐标指令后，坐标值以极坐标方式确定，即以极坐标半径和极坐标角度来确定点的位置，测量半径与角度的起始点称为"极点"。

极坐标半径是指在指定平面内，指定点到极点的距离，在程序中用"RP"来表示。极坐标半径一律用正值来表示。

极坐标角度是指在所选平面内，指定点到极点的连线与指定平面第一轴（如 G17 平面的 X 轴）的角，在程序中用"AP"来表示，极坐标角度的零方向为第一坐标轴的正方向，逆时针方向为角度的正方向。

极坐标原点的指定方式有 G111、G110、G112 三种。

格式：G110（G111）X_ Y_ Z_
　　　G112　AP=_　RP=_

G110 极坐标参数，刀具当前位置点定义极坐标。

G111 极坐标参数，相当于工件坐标系原点定义极坐标。

G112 极坐标参数，相当于上一个有效的极点定义极坐标。

AP＝极坐标角度，数值范围为 0°～360°，其值可以用绝对值表示，也可以用增量值表示，分别用符号"AC"与"IC"表示。

RP＝极坐标半径，其单位为毫米（mm）或英寸（in）。

X_ Y_ Z_ 相对于定义点的坐标值。

极坐标中刀具移动方式：

在极坐标中用 G00/G01/G02/G03 加上 AP、RP 指令使刀具完成相应的动作。指令格式如下：

G00　AP=_　RP=_
G01　AP=_　RP=_
G02　AP=_　RP=_
G03　AP=_　RP=_

在不同平面中正方向的极坐标半径和极角，如图 6-2 所示。

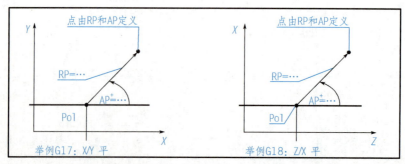

▲图 6-2　在不同平面中正方向的极坐标半径和极角

【例 6-1】　G01 AP= 30　RP= 20

当使用极坐标进行圆弧编程时,应特别注意指令中的"AP"和"RP"是圆弧终点相对于圆弧圆心的极角与极半径。

在 SIEMENS 系统中除采用 G90 和 G91 指令分别表示绝对值和增量值外,还用"AC"和"IC"来表示绝对坐标和增量坐标,且该指令可与 G90 和 G91 指令混用,其格式如下:

＝AC(　)(绝对值,赋值必须要有一个等于符号,数值写在括号内);

＝IC(　)(增量坐标)。

用绝对值编程指令指定半径(图 6-3)(零点和编程点之间的距离)。工件坐标系的零点设定为极坐标系的原点。

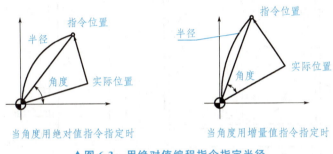

▲图 6-3　用绝对值编程指令指定半径

用增量值编程指令指定半径(图 6-4)(当前位置和编程点之间的距离)。当前位置指定为极坐标系的原点。

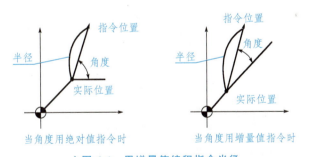

▲图 6-4　用增量值编程指令半径

六、练习与提高

加工如图 6-5 所示的零件,已知毛坯尺寸为 90 mm×90 mm×90 mm 的硬铝,试编写加工程序,并在数控铣床上进行加工。

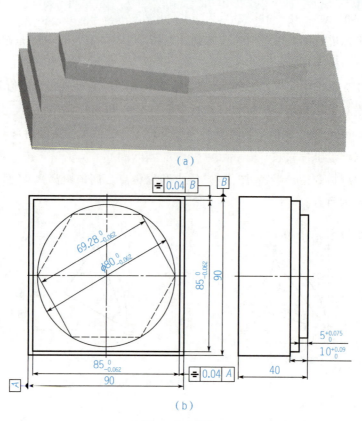

▲图 6-5 工件加工

(a)毛坯;(b)加工示意图

项目七

坐标变换类加工训练（一）

江碧舟：让技术成为"肌肉记忆"

一、任务目标

- 掌握可编程零点偏移的格式及加工方法。
- 掌握可编程坐标旋转的格式及加工方法。
- 掌握子程序的意义及编程方法。
- 能够运用可编程零点偏移指令和调用子程序编程。
- 能够运用可编程坐标旋转指令和调用子程序编程。
- 能够正确地处理所学知识优化编程。

二、任务资讯

任务分析：本例工件外形轮廓相似，因此，在编程过程中如能采用坐标旋转编程则会使所编程序简单明了；另外，在编程中如能结合坐标平移指令进行编程，则所编程序将进一步得到简化。如图 7-1 所示工件，试编写其数控铣加工程序，并在数控铣床上加工。

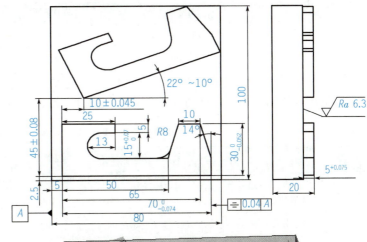

▲图 7-1　工件加工

三、任务实施

1. 加工准备

(1)详细阅读零件图,并按照图纸检查坯料的尺寸。
(2)编制加工程序,输入程序并选择该程序。
(3)用平口钳装夹工件,伸出钳口 8 mm 左右,用百分表找正。
(4)安装寻边器,确定工件零点为坯料上表面的中心,设定可选择工件坐标系。
(5)选择合适的铣刀并对刀,设定加工相关参数,选择自动加工方式加工零件。

2. 工艺分析及处理

(1)零件图样分析。了解零件的材质、尺寸要求、形位公差、精度要求、零件的加工形状。
(2)加工工艺分析。
①加工机床的选择。
②根据图纸要求选择合适的刀具;切削用量(S、F、a_p);确定零件的加工路线、下刀点、切入点、退刀点。

▼表 7-1 刀具卡

刀具号	刀具名称	刀具规格	刀具材料
T1	面铣刀	$\phi100$	涂层刀片
T2	键槽铣刀	$\phi12$	高速钢
T3	键槽铣刀	$\phi10$	高速钢

③确定零件的加工顺序;铣削方式(顺铣、逆铣);粗、精加工余量。

▼表 7-2 工序卡

工步	工步内容	刀具号	主轴转速 $(r \cdot min^{-1})$	进给量 $(mm \cdot min^{-1})$	切削深度 /mm	切削余量 /mm
1	铣削上表面	T1	700	100	0.5	0
2	粗加工外形轮廓	T2	800	150	10	0.5
3	粗加工矩形型腔	T3	800	150	5	0.5
4	精加工外形轮廓	T2	1200	100	10	0
5	粗加工矩形型腔	T3	1000	100	5	0

(3)基点计算。根据图纸要求合理运用数学知识进行相关点的计算。
(4)编写程序单。

项目七　坐标变换类加工训练(一)

参考程序：

程序内容	程序说明
SK02.MPF;	=＞主程序名
G54 G90 G17 G40;	=＞程序起始
M03 S1000;	=＞刀具正转，转速为 1000 r/min
G00 X0 Y0;	=＞程序检验
Z10;	=＞刀具快速接近工件
TRANS X5 Y2.5;	=＞零点偏置，X 轴正方面偏 5mm，Y 轴正方面偏 2.5 mm
L10;	=＞调用子程序 L10
TRANS;	=＞取消零点偏置
TRANS X15 Y47.5;	=＞零点偏置，X 轴正方面偏 15mm，Y 轴正方面偏 47.5 mm
AROT RPL=22;	=＞坐标旋转，以 X 轴正半轴逆时针旋转 22 度
L10;	=＞调用子程序 L10
TRANS;	=＞取消零点偏置
M05;	=＞主轴停
M30;	=＞程序结束、光标返回到程序开头
L10.SPF;	=＞子程序名
G00 X-10 Y-5;	=＞刀具快速接近工件
G01 Z-5 F100;	=＞刀具 Z 轴方向下降 5mm
G41 G01 X5D1;	=＞建立刀具的半径补偿
G01 Y30 F200;	
X25;	
Y25;	
X19.5;	
G03 X19.5 Y10 CR=7.5;	=＞加工距离为 15 的槽
G01 X50 RND=8;	=＞加工半径为 8 的圆角
X55 Y30;	
X65;	
X70 ANG=284;	=＞加工 14 度的斜边
Y0;	
X-10;	
G40;	=＞取消刀具半径补偿
G00Z50;	=＞加工结束，刀具抬离工件 50 mm
M17;	=＞子程序结束

(5)输入程序单。

(6)模拟、加工、检验。

3. 注意事项

(1)使用寻边器确定工件零点时应采用碰双边法。

(2)精铣时采用顺铣方法,以提高表面加工质量。

(3)应根据加工情况随时调整进给开关和主轴转速倍率开关。

(4)键槽铣刀的垂直进给量不能太大,为水平进给量的 1/3~1/2。

四、任务评价

项目	评分要素	配分	评分标准	检测结果	得分
编程 (20分)	加工工艺路线制订	5	加工工艺路线制订正确		
	刀具及切削用量选择	5	刀具及切削用量选择合理		
	程序编写正确性	10	程序编写正确、规范		
操作 (30分)	手动操作	10	对刀操作不正确扣5分		
	自动运行	10	程序选择错误扣5分 启动操作不正确扣5分 F、S调整不正确扣2分		
	参数设置	10	零点偏置设定不正确扣5分 刀补设定不正确扣5分		
工件质量 (30分)	形状	10	有一处过切扣2分 有一处残余余量扣2分		
	尺寸	16	每超0.02 mm扣2分		
	表面粗糙度	4	每降一级扣1分		
工量刃具的使用与维护 (10分)	常用工量刃具的使用	10	使用不当每次扣2分		
安全文明生产(10分)	正确执行安全技术操作规程,按企业有关的文明生产规定,做到工作地整洁,工件、工具摆放整齐	10	严格执行制度、规定者满分,执行差者酌情扣分		
综合评价					

五、相关资讯

1. 可编程零点偏移(TRANS、ATRANS)

(1)功能及作用。TRANS、ATRANS可以平移当前坐标系。如果工件上不同位置有重复出现需加工的形状或结构,或者为方便编程要选用一个新的参考点,使用零点偏置功能之后,会根据偏置量产生一个新的当前坐标系,新输入的尺寸均为在新的当前坐标系中的尺寸。

(2)指令格式。

TRANS　　X_　Y_　Z_　　可编程的零点偏置,消除所有有关偏置、旋转、比例系数、镜像的指令。

ATRANS　X_　Y_　Z_　　可编程的零点偏置,附加于当前的指令。

TRANS/ ATRANS　　　　不带数值,作消除指令消除所有有关偏置、旋转、比例系数、镜像的指令。

【例7-1】 TRANS X20 Y15 Z30,如图7-2所示。

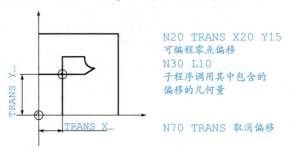

▲图7-2　TRANS、ATRANS的应用

(3)指令说明。

X_ Y_ Z_　　各轴的平移量。

TRANS　　参考基准是当前设定的有效工件零位,即G54～G59中设定的工件坐标系。

ATRANS　参考基准为当前设定的或最后编程的有效工件零位,该零位也可以通过指令。

TRANS　　偏置的零位。

取消原则:采用谁用谁取消原则。

2. 例题讲解

【例7-2】 加工如图7-3所示的两个凸台零件的轮廓,试采用可编程的零点偏置指令编写其加工程序。

项目 七 坐标变换类加工训练(一)

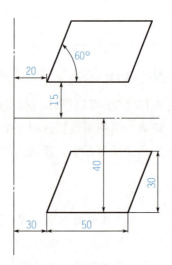

▲ 图 7-3 两凸台零件的轮廓加工

程序内容	程序说明
SK001.MPF；	=＞主程序名
G54 G90 G17 G40；	=＞程序起始
M03 S1000；	=＞刀具正转，转速为 1000 r/min
G00 X0 Y0；	=＞程序检验
Z10；	=＞刀具快速接近工件
TRANS X20 Y15；	=＞零点偏置，X 轴正方面偏 20 mm，Y 轴正方面偏 15 mm
L20；	=＞调用子程序 L20
TRANS；	=＞取消零点偏置
TRANS X30 Y-40；	=＞零点偏置，X 轴正方面偏 15 mm，Y 轴正方面偏 47.5 mm
L20；	=＞调用子程序 L20
TRANS；	=＞取消零点偏置
M05；	=＞主轴停
M30；	=＞程序结束、光标返回到程序开头
L20.SPF；	=＞子程序名
G00 X0 Y0；	=＞刀具快速接近工件

续表

程序内容	程序说明
Z5;	
G01 Z- 5 F100;	=＞刀具 Z 轴方向下降 5mm
G41 G01 X0 Y0 D1;	=＞建立刀具的半径补偿
G01 X17.32 Y30;	
Y67.32;	
X50 Y0;	
X0;	
G40;	=＞取消刀具半径补偿
G00 Z50;	=＞加工结束,刀具抬离工件 50mm
M17;	=＞子程序结束

3. 坐标旋转(ROT、AROT)

ROT、AROT 命令可以使工件坐标系在选定的 G17～G19 平面内绕着横坐标轴旋转一个角度;也可以使坐标系绕着指定的几何轴 X、Y 或 Z 做空间旋转。使用坐标旋转功能之后,会根据旋转情况产生一个当前坐标系,新输入的尺寸均是在当前坐标系中的尺寸。

指令格式:

ROT RPL= _ 可编程旋转,消除所有有关偏置、旋转、比例系数、镜像的指令。

AROT RPL= _ 可编程旋转,附加于当前轴,消除所有有关偏置、旋转、比例系数、镜像的指令。

ROT/AROT 不带数值,作消除指令消除所有有关偏置、旋转、比例系数、镜像的指令。

注:作消除指令需单独成段。

指令说明:

ROT 参考基准为通过 G54～G59 指令建立的工件坐标系零位。

AROT 参考基准为当前有效的设置或编程的零点。

RPL= 在平面内的旋转角度。

对于平面旋转指令,旋转轴为与该平面相垂直的轴,从旋转轴的正方向向该平面看,逆时针方向为正方向,顺时针方向为负方向,如图 7-4 所示。

取消原则:采用谁用谁取消原则。

项目 七 坐标变换类加工训练(一)

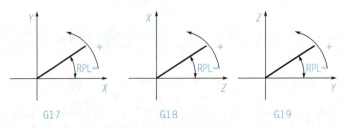

▲图 7-4 在不同平面中旋转正方向的定义

(1)子程序的定义。机床的加工程序可以分为主程序和子程序两种。在编制加工程序中,有时会遇到一组程序段在一个程序中多次出现,或者在几个程序中都要使用它,这个典型的加工程序可以做成固定程序,并单独加以命名,这个程序就称为子程序。

(2)子程序的格式。在大多数数控系统中,子程序和主程序并无本质区别。对于 SIEMENS 系统,子程序的命名原则与主程序的命名原则一样。只是在输入子程序名时需要注意扩展名".SPF"不可省略。当采用字符 L 作为程序名的起始字符 L…,其后的值可以为 7 位(只能为整数);扩展名系统自动生成。

如:L006　　L600

(3)子程序的调用:L_　P_

L 后接调用的子程序名;P 后接调用的次数。

(4)子程序的结束。M17 或 RET。

(5)子程序嵌套。子程序不仅可以从主程序中调用,也可以从其他子程序中调用,这个过程称为子程序嵌套;SIEMENS 802D 数控系统子程序嵌套深度为 7 层,也就是八级程序界面(包括主程序),如图 7-5 所示。

将铁块加工成精密零件的过程

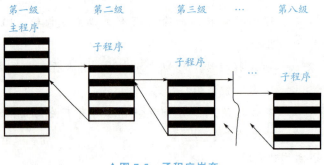

▲图 7-5 子程序嵌套

六、练习与提高

如图 7-6 所示的零件,已知毛坯尺寸为 100 mm×80 mm×20 mm 的硬铝,试编写加工程序,并在数控铣床上进行加工。

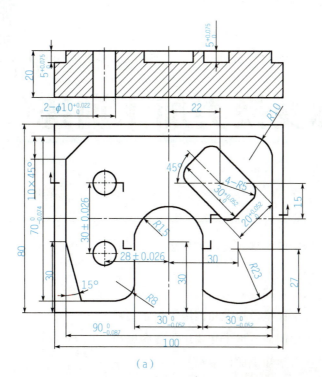

(a)

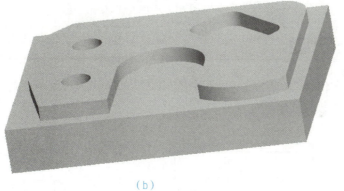

(b)

▲图 7-6 零件加工

(a)加工尺寸；(b)毛坯模型

蒋楠：从数控小学生到大学生　只因热爱，所以坚守

项目八
坐标变换类加工训练(二)

● 一、任务目标

- 掌握可编程坐标镜像的格式及加工方法。
- 掌握可编程比例缩放的格式及加工方法。
- 掌握子程序的意义及编程方法。
- 能够运用可编程坐标镜像指令和调用子程序编程。
- 能够运用可编程比例缩放指令和调用子程序编程。
- 能够正确地处理所学知识优化编程。

● 二、任务资讯

如图 8-1、图 8-2 所示的零件，已知毛坯尺寸为 90 mm×90 mm×20 mm 硬铝，试编写加工程序，并在数控铣床上进行加工。

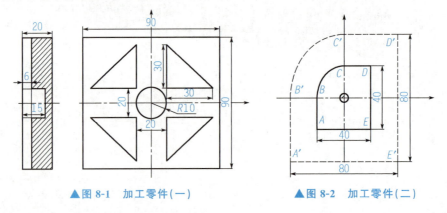

▲图 8-1　加工零件(一)　　　　▲图 8-2　加工零件(二)

● 三、任务实施

🔧 1. 加工准备

(1)详细阅读零件图，并按照图纸检查坯料的尺寸。

(2)编制加工程序，输入程序并选择该程序。

46

(3)用平口虎钳装夹工件,伸出钳口 8 mm 左右,用百分表找正。

(4)安装寻边器,确定工件零点为坯料上表面的中心,设定可选择工件坐标系。

(5)选择合适的铣刀并对刀,设定加工相关参数,选择自动加工方式加工零件。

2. 工艺分析及处理

(1)零件图样分析。了解零件的材质、尺寸要求、形位公差、精度要求、零件的加工形状。

(2)加工工艺分析。

①加工机床的选择。

②根据图纸要求选择合适的刀具;切削用量(S、F、a_p);确定零件的加工路线、下刀点、切入点、退刀点。

▼表 7-1 刀具卡

刀具号	刀具名称	刀具规格	刀具材料
T1	面铣刀	$\phi 100$	涂层刀片
T2	键槽铣刀	$\phi 12$	高速钢

③确定零件的加工顺序;铣削方式(顺铣、逆铣);粗、精加工余量。

▼表 7-2 工序卡

工步	工步内容	刀具号	主轴转速 (r·min^{-1})	进给量 (mm·min^{-1})	切削深度 /mm	切削余量 /mm
1	铣削上表面	T1	700	100	0.5	0
2	粗加工外形轮廓	T2	800	150	5	0.5
3	精加工外形轮廓	T2	1200	100	5	0

(3)基点计算。根据图纸要求合理运用数学知识进行相关点的计算。

(4)编写程序单。

①参考程序(图 8-1):

程序内容	程序说明
SK001.MPF;	=>主程序名
G54 G90 G17 G40;	=>程序起始
M03 S1000;	=>刀具正转,转速为 1000 r/min
G00 X0 Y0;	=>程序检验
Z10;	=>刀具快速接近工件
L10;	=>调用子程序 L10,加工右上角图形
MIRROP Y0;	=>沿 X 轴镜像
L10;	=>调用子程序 L10,加工右下角图形
MIRROP X0;	=>沿 Y 轴镜像

续表

程序内容	程序说明
L10;	=>调用子程序L10,加工左上角图形
AMIRROP Y0;	=>沿X轴镜像
L10;	=>调用子程序L10,加工左下角图形
MIRROP;	=>取消镜像功能指令
M05;	=>主轴停
M30;	=>程序结束、光标返回到程序开头
L10.SPF;	=>子程序名
G00 X0 Y0;	=>刀具快速接近工件
Z5;	
G01 Z-6 F100;	=>刀具Z轴方向下降5 mm
G41 G01 X0 Y0 D1;	=>建立刀具的半径补偿
G01 Y40;	
X10 Y40;	
X0;	
G40;	=>取消刀具半径补偿
G01 Y0;	=>加工结束,刀具抬离工件50 mm
G00 Z20;	=>加工结束,刀具抬离工件20 mm
M17;	=>子程序结束

②参考程序(图8-2):

程序内容	程序说明
SK001.MPF;	=>主程序名
G54 G90 G17 G40;	=>程序起始
M03 S1000;	=>刀具正转,转速为1000 r/min
G00 X0 Y0;	=>程序检验
Z10;	=>刀具快速接近工件
X-50 Y-50;	=>注意程序起点的位置
SCALE X2 Y2;	=>比例缩放,X轴扩大2倍、Y轴扩大2倍
G01 Z-3 F100;	=>刀具Z轴方向下降5 mm
G41 G01 X-20 D1;	=>建立刀具的半径补偿
Y0;	
G02 X0 Y20 CR=20;	
G01 X20;	
Y-20;	

续表

程序内容	程序说明
X-30;	
G40;	=>取消刀具半径补偿
G01 Y-40;	
SCALE;	=>取消比例缩放功能指令
G00 Z20;	=>加工结束,刀具抬离工件20 mm
M05;	=>主轴停
M30;	=>程序结束、光标返回到程序开头

(5)输入程序单。

(6)模拟、加工、检验。

3. 注意事项

(1)使用寻边器确定工件零点时应采用碰双边法。

(2)精铣时采用顺铣方法, 以提高表面加工质量。

(3)应根据加工情况随时调整进给开关和主轴转速倍率开关。

四、任务评价

项目	评分要素	配分	评分标准	检测结果	得分
编程 (20分)	加工工艺路线制订	5	加工工艺路线制订正确		
	刀具及切削用量选择	5	刀具及切削用量选择合理		
	程序编写正确性	10	程序编写正确、规范		
操作 (30分)	手动操作	5	对刀操作不正确扣5分		
	自动运行	10	程序选择错误扣5分 启动操作不正确扣5分 F、S调整不正确扣2分		
操作 (30分)	参数设置	10	零点偏置设定不正确扣5分 刀补设定不正确扣5分		
工件质量 (30分)	形状	10	有一处过切扣2分 有一处残余余量扣2分		
	尺寸	16	每超0.02 mm扣2分		
	表面粗糙度	4	每降一级扣1分		

续表

项目	评分要素	配分	评分标准	检测结果	得分
工量刃具的使用与维护（10分）	常用工量刃具的使用		使用不当每次扣2分		
安全文明生产（10分）	正确执行安全技术操作规程，按企业有关的文明生产规定，做到工作地整洁、工件、工具摆放整齐	10	严格执行制度、规定者满分，执行差者酌情扣分		
综合评价					

五、相关资讯

1. 坐标镜像 MIRROR/AMIRROR

（1）功能及作用。使用坐标镜像指令可实现沿某一轴或某一坐标点的对称加工。
（2）指令格式。

MIRROR X0 Y0 Z0　　可编程的镜像指令，消除有关偏移、旋转、比例系数、镜像等指令。

AMIRROR X0 Y0 Z0　　可编程的镜像指令，附加于当前指令消除有关偏移、旋转、比例系数、镜像等指令。

MIRROR /AMIRROR　　不带数值，作取消指令消除有关偏移、旋转、比例系数、镜像等指令。作取消指令讲时需一个独立的程序段。

（3）指令说明。

MIRROR　　绝对可编程镜像，相当于G54～G59设定的当前有效坐标系的绝对镜像。

AMIRROR　　相对可编程镜像，参考当前有效设定或编程坐标系的补充镜像。

X0 Y0 Z0　　将改变方向的坐标轴。

取消原则：采用谁用谁取消原则。

坐标镜像示意图如图8-3所示。

2. 注意事项

（1）在指定的平面内执行镜像指令时，如果程序中有圆弧指令，则圆弧的旋转方向相反，即G02变成G03，相应的，G03变成G02。

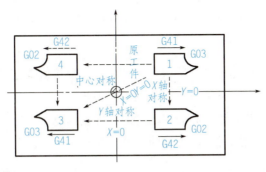

▲图 8-3　坐标镜像示意图

(2)在指定的平面内执行镜像指令时,如果程序中有刀具半径补偿指令,则刀具半径补偿的偏置方向相反,即 G41 变成 G42,相应的,G42 变成 G41。

(3)在使用镜像指令时,由于数控机床的进给轴(Z 轴)安装有刀具,所以,一般情况下不在进给轴方向执行镜像功能。

(4)SIEMENS 系统中使用镜像指令时,其镜像原点为编程时工件原点。

3. 比例缩放 SCALE、ASCALE

(1)功能及作用。在数控编程中,对于一些形状相同但尺寸不同的零件,为达到编程目的采用比例缩放;使用此功能,系统会根据比例缩放产生一个当前坐标系,新输入的尺寸均为当前坐标系中的尺寸。

(2)指令格式。

SCALE　　X_ Y_ Z_　　可编程的比例缩放,消除所有有关偏移、旋转、比例系数、镜像等指令。

ASCALE　　X_ Y_ Z_　　可编程的比例缩放,附加于当前的指令消除所有有关偏移、旋转、比例系数、镜像等指令。

SCALE/ ASCALE　　不带数值时表示取消指令,消除所有有关偏移、旋转、比例系数、镜像等指令。

作为取消指令讲时需单独成段。

示例:SCALE　X2 Y3 Z1;ASCALE　X2 Y3 Z1。

(3)指令说明。

SCALE　　指参考 G54~G59 设定的当前坐标系原点进行的比例缩放。

ASCALE　　指参考当前有效设定或编程坐标系进行附加的比例缩放。

X_ Y_ Z_　　指各轴后跟的比例缩放因子。

取消原则:采用谁用谁取消原则。

示例 1:表示以当前坐标系由 G54 ~ G59 设定的工件坐标系原点作为缩放基点,在 X 向的缩放比例为 2,在 Y 向的缩放比例为 3,在 Z 向的缩放比例为 1。

示例 2:表示以当前设置有效的坐标系(如平移、缩放、旋转坐标系等)的原点为基点进行缩放，在 X 向的缩放比例为 2，在 Y 向的缩放比例为 3，在 Z 向的缩放比例为 1。

4. 注意事项

(1) 如果在比例缩放后进行坐标平移，则坐标系的平移值也进行比例缩放。

(2) 比例缩放对刀具半径补偿值和刀具偏置值无效。

(3) 使用比例缩放时其缩放中心为编程时的工件坐标原点。

(4) 如果轮廓为圆弧轮廓时，两个轴的缩放比例必须一致。

六、练习与提高

如图 8-4 所示的零件，已知毛坯尺寸为 90 mm×90 mm×20 mm 硬铝，试编写加工程序，并在数控铣床上进行加工。

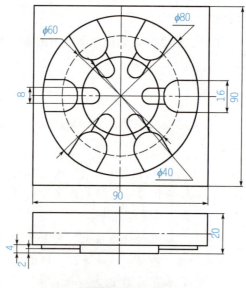

▲图 8-4　加工零件的尺寸

项目九

孔类加工训练

曹彦生:一斤铝合金铣加工到3克

任务一 简单孔加工

一、任务目标

- 掌握钻孔循环指令的格式及参数含义。
- 掌握孔加工刀具的选用方法及合理切削用量的选择。
- 能够根据工艺要求编制孔的加工方案。
- 能够安全文明操作,掌握机床的维护与保养方法。

二、任务资讯

孔结构是零件的重要组成要素之一,它在机器的运行中通常起着连接、导向、定位、配合作用。孔的类型按是否穿通零件可分为通孔、盲孔;按组合形式可分为单一孔及复杂孔(如沉头孔、埋头孔等),如图9-1-1所示;按几何形状可分为圆孔、锥孔、螺纹孔等。

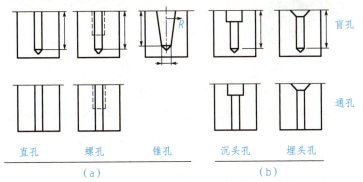

▲图9-1-1 孔的类型
(a)单一孔;(b)复杂孔

53

普通麻花钻是钻孔最常用的刀具,通常用高速钢制造,其外形结构如图 9-1-2 所示。普通麻花钻有直柄和锥柄之分,钻头直径在 13 mm 以下的一般为直柄,当钻头直径超过 13 mm 时,则通常做成锥柄。孔尺寸(孔径、孔深)、加工精度、机床功率、刀具规格是影响钻削刀具直径选择的重要因素。一般情况下,常根据孔尺寸、加工精度及刀具厂商提供的刀具规格来选择刀具直径,同时兼顾机床功率。

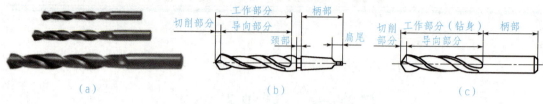

▲图 9-1-2　麻花钻头的结构

(a)麻花钻实体图;(b)锥柄麻花钻结构图;(c)直柄麻花钻结构图

由于麻花钻的横刃具有一定的长度,钻孔时不易定心,会影响孔的定心精度,因此通常用中心钻在平面上先预钻一凹坑。中心钻的结构如图 9-1-3 所示。由于中心钻的直径较小,加工时机床主轴转速不得低于 1 000 r/min。

▲图 9-1-3　中心钻的结构

麻花钻和中心钻通常通过钻夹头(图 9-1-4)刀柄安装在机床主轴上。

如图 9-1-5 所示,孔加工的过程一般都由以下五个动作组成。

▲图 9-1-4　钻夹头

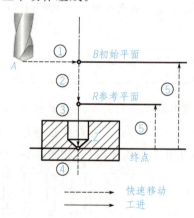

▲图 9-1-5　孔加工的五个动作

(1)动作 1:快速定心($A \rightarrow B$),快速定位到孔中心上方。

(2)动作 2:快速接近工件($B \rightarrow R$),刀具沿 Z 方向快速运动到参考平面。

(3)动作 3:孔加工($R \rightarrow Z$),孔加工过程(钻孔、铰孔、攻螺纹等)。

(4)动作 4:孔底动作(Z 点),例如孔底暂停。

(5)动作 5:刀具快速退回,根据需要,可以有以下两种退回方式:用 G98 返回到初始平面($Z \rightarrow B$)或用 G99 返回到参考平面($Z \rightarrow R$)。

在进行孔加工编程时可以使用多条 G00、G01 等指令完成这一过程,但这样做较为烦琐。因此，针对钻孔、铰孔、镗孔、攻螺纹等这类典型的加工程序，数控系统提供了编制简化程序的手段——固定循环指令。这种指令可以用一个程序段完成用多个程序段指令的加工操作。

采用立式数控铣床及加工中心进行钻孔加工，主要使用 G81 固定循环指令。

指令格式：

G98
　　　G81 X_ Y_ Z_ R_ F_ K_
G99

其中：G98、G99 为到达孔底后快速返回点平面的选择，G98 返回初始平面，G99 返回参考平面；G81 表示钻孔循环指令；X_ Y_ 表示孔的 X、Y 坐标；Z_ 表示孔底位置；F_ 为钻孔时的进给速度（mm/min）；R_ 表示参考平面的位置坐标；K_ 为重复次数，不指定时默认为 1。

本任务要求完成如图 9-1-6 所示的零件孔加工。零件材料为 45 钢，已完成上下平面、ϕ60 凸台及周边的加工。

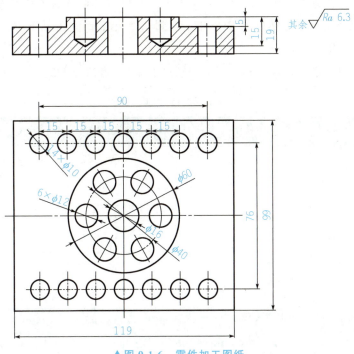

▲ 图 9-1-6　零件加工图纸

三、任务实施

1. 加工准备

（1）详细阅读零件图，并按照图纸检查坯料的尺寸。

（2）编制加工程序，输入程序并选择该程序。

(3)用平口虎钳装夹工件,伸出钳口 8 mm 左右,用百分表找正。
(4)安装寻边器,确定工件零点为坯料上表面的中心,设定可选择工件坐标系。
(5)选择合适的钻头并对刀,设定加工相关参数,选择自动加工方式加工零件。

2. 工艺分析及处理

(1)零件图样分析。该工件材料为 45 钢,切削性能较好,孔直径尺寸精度不高,可以一次完成钻削加工。当孔的位置没有特殊要求时,可以按照图纸的基本尺寸进行编程。环形分布的孔为盲孔,当钻到孔底部时应使刀具在孔底停留一段时间,由于孔的深度较深,应使刀具在钻削过程中适当退刀以利于排出切屑。

(2)加工工艺分析。工件上要加工的孔共 21 个孔,孔的直径有 $\phi 10$、$\phi 12$、$\phi 16$ 三种,故需要分别使用 $\phi 10$ 钻头、$\phi 12$ 钻头、$\phi 16$ 钻头进行加工,钻孔前用 A5 中心钻进行点钻。

先用 $\phi 12$ 钻头钻削环形分布的 6 个孔和中间的孔,钻完第一个孔后刀具退到孔上方 2 mm 处,再快速定位到第 2 个孔上方,钻削第 2 个孔,直到孔全钻完毕。然后换 $\phi 10$ 钻头并快速定位到左上方第 1 个孔的上方,钻完一个孔后刀具退到这个孔上方 2 mm 处,再快速定位到第 2 个孔上方,钻削第 2 个孔,直到 7 个孔全钻完再钻下方 7 个孔。最后换 $\phi 16$ 钻头扩中间的孔。

合理选择切削用量,刀具卡和工序卡分别见表 9-1-1 和表 9-1-2。

▼表 9-1-1 刀具卡

刀具号	刀具名称	刀具规格	刀具材料
T1	中心钻	A5	高速钢
T2	麻花钻	$\phi 12$	高速钢
T3	麻花钻	$\phi 10$	高速钢
T4	麻花钻	$\phi 16$	高速钢

▼表 9-1-2 工序卡

工步	工步内容	刀具号	主轴转速 /(r·min^{-1})	进给量 /(mm·min^{-1})	切削深度 /mm	切削余量 /mm
1	钻中心孔	T1	1 000	30		
2	钻 $\phi 12$ 及 $\phi 16$ 孔	T2	600	100		
3	钻 $\phi 10$ 孔	T3	750	100		
4	扩 $\phi 16$ 孔	T4	450	100		

(3) 基点计算(略)。

(4) 编写程序单。

(5) 输入程序单。

(6) 模拟、加工、检验。

攻丝演示

3. 参考程序

程序内容		程序说明
O0001;		程序号
N10	G90 G54 G40 G17 G69;	程序初始化
N20	M06 T01;	换1号刀,A5中心钻
N30	G00 G43 H1 Z100;	执行1号长度补偿,Z轴快速定位,快速到安全高度
N40	M03 S1000;	1 000 r/min 点钻
N50	M08;	开冷却液
N60	G99 G82 X-20 Y0 Z-1 R2 P2000 F30;	点钻6个环形分布孔
N70	X-10 Y13.72 ;	
N80	X10;	
N90	X20 Y0;	
N100	X10 Y-13.72;	
N110	X-10;	
N120	X0 Y0;	点钻中心位置的 φ16 孔
N130	X-45 Y38 R-3 Z-6;	点钻 φ10 孔
N140	X-30;	
N150	X-15;	
N160	X0;	
N170	X15;	
N180	X30;	
N190	G98 X45;	注意:提刀到初始平面,安全高度
N200	G99 X-45 Y-38;	
N210	X-30;	
N220	X-15;	
N230	X0;	
N240	X15;	
N250	X30;	
N260	G98 X45;	
N270	M09;	关闭冷却液
N280	M05;	主轴停转
N290	G91 G28 Z0;	Z轴返回参考点

续表

程序内容		程序说明
N300	M06 T02;	换2号刀，φ12 mm麻花钻
N310	G00 G43 H2 Z100;	执行2号长度补偿，Z轴快速定位，快速到安全高度
N320	M03 S600;	600 r/min 钻孔
N330	M08;	开冷却液
N340	G99 G82 X-20 Y0 Z-15 R2 P2000 F100;	钻6个环形分布孔，盲孔，孔底停留2 s，孔深15 mm
N350	X-10 Y13.72;	
N360	X10;	
N370	X20 Y0;	
N380	X10 Y-13.72;	
N390	X-10;	
N400	G98 X0 Y0 Z-23;	中心位置φ16孔钻通
N410	M09;	关闭冷却液
N420	M05;	主轴停转
N430	G91 G28 Z0;	Z轴返回参考点
N440	M06 T03;	换3号刀，φ10麻花钻
N450	G00 G43 H3 Z100;	执行3号长度补偿，Z轴快速定位，快速到安全高度
N460	M03 S750;	750 r/min 钻孔
N470	M08;	开冷却液
N480	G99 G81 X-45 Y38 Z-23 R-3 F100;	钻14个φ10孔，通孔
N490	X-30;	
N500	X-15;	
N510	X0;	
N520	X15;	
N530	X30;	
N540	G98 X45;	注意：提刀到初始平面，安全高度
N550	G99 X-45 Y-38;	
N560	X-30;	
N570	X-15;	
N580	X0;	
N590	X15;	
N600	X30;	
N610	G98 X45;	
N620	M09;	关闭冷却液
N630	M05;	主轴停转

续表

程序内容		程序说明
N640	G91 G28 Z0;	Z 轴返回参考点
N650	M06 T04;	换 4 号刀，φ16 麻花钻
N660	G00 G43 H4 Z100;	执行 4 号长度补偿，Z 轴快速定位，快速到安全高度
N670	M03 S450;	450 r/min 扩孔
N680	M08;	开冷却液
N690	G98 G81 X0 Y0 Z-25 R2 F100;	
N700	M09;	关闭冷却液
N710	M05;	主轴停转
N720	M30;	程序结束

4. 注意事项

（1）孔加工刀具多为定尺寸刀具，如钻头、铰刀等，在加工过程中，刀具磨损造成的形状和尺寸的变化会直接影响被加工孔的精度。

（2）由于受被加工孔直径大小的限制，切削速度很难提高，从而影响加工效率和加工表面质量，尤其是在对小尺寸孔进行精密加工时，为达到所需的速度，必须使用专门的装置，因此，对机床的性能也提出了很高的要求。

（3）刀具的结构受孔直径和长度的限制，加工时，由于轴向力的影响，刀具容易产生弯曲变形和振动，从而影响孔的加工精度。孔的长径比（孔深度与直径之比）越大，其加工难度越高。

（4）孔加工时，刀具一般在半封闭的空间工作，由于切屑排除困难，冷却液难以进入加工区域，导致切削区域热量集中，温度较高，散热条件不好，从而影响刀具的耐用度和钻削加工质量。

在孔加工过程中，必须解决好冷却、排屑、刚性导向和速度问题，这是确保加工质量的关键。

四、任务评价

项目	评分要素	配分	评分标准	检测结果	得分
编程 （20分）	加工工艺路线制订	5	加工工艺路线制订正确		
	刀具及切削用量选择	5	刀具及切削用量选择合理		
	程序编写正确性	10	程序编写正确、规范		

续表

项目	评分要素	配分	评分标准	检测结果	得分
操作（30分）	手动操作	10	对刀操作不正确扣5分		
	自动运行	10	程序选择错误扣5分 启动操作不正确扣5分 F、S调整不正确扣2分		
	参数设置	10	零点偏置设定不正确扣5分 刀补设定不正确扣5分		
工件质量（30分）	形状	10	有一处过切扣2分 有一处残余余量扣2分		
	尺寸	16	每超0.02 mm扣2分		
	表面粗糙度	4	每降一级扣1分		
工量刃具的使用与维护（10分）	常用工量刃具的使用	10	使用不当每次扣2分		
安全文明生产（10分）	正确执行安全技术操作规程，按企业有关的文明生产规定，做到工作地整洁，工件、工具摆放整齐	10	严格执行制度、规定者满分，执行差者酌情扣分		
综合评价					

五、相关资讯

常用的孔加工方法主要有钻孔、扩孔、铰孔、镗孔、攻丝、铣孔等，如图9-1-7所示。常用的孔加工方法及其精度等级见表9-1-3。

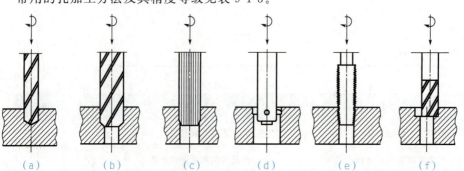

钻孔、铰孔、镗孔

▲图9-1-7　常用的孔加工方法

(a)钻孔；(b)扩孔；(c)铰孔；(d)镗孔；(e)攻丝；(f)铣孔

▼ 表 9-1-3 常用的孔加工方法及其精度等级

序号	加工方案	精度等级	表面粗糙度 Ra	适用范围
1	钻	11～13	50～12.5	加工未淬火钢及铸铁的实心毛坯，也可用于加工有色金属（但粗糙度较差）
2	钻—铰	9	3.2～1.6	
3	钻—粗铰—精铰	7～8	1.6～0.8	
4	钻—扩	11	6.3～3.2	
5	钻—扩—铰	8～9	1.6～0.8	
6	钻—扩—粗铰—精铰	7	0.8～0.47	
7	粗镗（扩孔）	11～13	6.3～3.2	除淬火钢外的各种材料，毛坯有铸出孔或锻出孔
8	粗镗（扩孔）—半精镗（精扩）	8～9	3.2～1.6	
9	粗镗（扩孔）—半精镗（精扩）—精镗	6～7	1.6～0.8	

当确定钻削刀具类型及直径后，钻孔刀具切削用量最好使用刀具厂商推荐的切削用量，这样才能在保证加工精度及刀具寿命的前提下，最大限度地发挥刀具潜能，提高生产效率。高速钢钻头钻孔切削用量的推荐值见表 9-1-4。

▼ 表 9-1-4 高速钢钻头钻孔切削用量的推荐值

工件材料	工件材料牌号或硬度	切削用量	钻头直径 d/mm			
			1～6	6～12	12～22	22～50
铸铁	160～200 /HBS	V/(m·min^{-1})	16～24			
		F/(mm·r^{-1})	0.07～0.12	0.12～0.2	0.2～0.4	0.4～0.8
	200～240 /HBS	V/(m·min^{-1})	10～18			
		F/(mm·r^{-1})	0.05～0.1	0.1～0.18	0.18～0.25	0.25～0.4
	240～400 /HBS	V/(m·min^{-1})	5～12			
		F/(mm·r^{-1})	0.03～0.08	0.08～0.15	0.15～0.2	0.2～0.3
钢	35号、45号	V/(m·min^{-1})	8～25			
		F/(mm·r^{-1})	0.05～0.1	0.1～0.2	0.2～0.3	0.3～0.45
	15Cr、20Cr	V/(m·min^{-1})	12～30			
		F/(mm·r^{-1})	0.05～0.1	0.1～0.2	0.2～0.3	0.3～0.45
	合金钢	V/(m·min^{-1})	8～15			
		F/(mm·r^{-1})	0.03～0.08	0.05～0.15	0.15～0.25	0.25～0.35

续表

工件材料	工件材料牌号或硬度	切削用量	钻头直径 d/mm		
			3～8	8～28	25～50
铝	纯铝	V/(m·min^{-1})	20～50		
		F/(mm·r^{-1})	0.03～0.2	0.06～0.5	0.15～0.8
	铝合金（长切屑）	V/(m·min^{-1})	20～50		
		F/(mm·r^{-1})	0.05～0.25	0.1～0.6	0.2～1.0
	铝合金（短切屑）	V/(m·min^{-1})	20～50		
		F/(mm·r^{-1})	0.03～0.1	0.05～0.15	0.08～0.36
铜	黄铜、青铜	V/(m·min^{-1})	60～90		
		F/(mm·r^{-1})	0.06～0.15	0.15～0.3	0.3～0.75
	硬青铜	V/(m·min^{-1})	25～45		
		F/(mm·r^{-1})	0.05～0.15	0.12～0.25	0.25～0.5

六、练习与提高

加工如图 9-1-8 所示的零件孔，试编写加工程序。

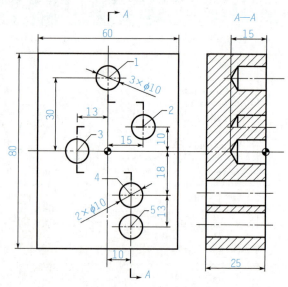

▲图 9-1-8 加工的零件孔

编写的参考 NC 程序，如下：

程序内容	程序说明
G00 Z100	确定固定循环的初始平面在 Z100 处
G90 G99 G81 X0 Y30 Z-15 R2 Q5 F40	绝对方式、设定返始平面、孔位 X 0 Y30 处、加工孔深到 Z-15 处、R 平面确定在 Z2 处、每次进刀量 5 mm、主轴进给量 40 mm/min(图中 1 孔)
X15 Y10	默认上段指令、孔加工参数加工(图中 2 孔)
X-13 Y0	默认上段指令、孔加工参数加工(图中 3 孔)
X10 Y-18 Z-28	默认上段指令、孔加工参数加工(图中 4 孔),考虑钻头端部锥度,为了确保钻通,加工孔深到 Z-28 处
G98 Y-31	默认上段指令、孔加工参数加工(图中 5 孔),返回初始平面,主轴提到 Z100 处
G80	取消固定循环
…	…

任务二　深孔加工

一、任务目标

- 掌握深钻孔循环指令的格式和用法。
- 掌握孔加工刀具的选用方法及合理切削用量的选择。
- 掌握常见孔系加工路径的优化方法。
- 能够安全文明操作,掌握机床的维护与保养方法。

深孔加工示例

二、任务资讯

所谓深孔,一般是指孔的长度与孔的直径比大于 5～10 mm 的孔。深孔加工一般有以下特点:

(1)刀杆受孔径的限制,直径小,长度大,造成刚性差,强度低,切削时易产生振动、波纹、锥度,而影响深孔的直线度和表面粗糙度。

(2)在钻孔和扩孔时,冷却润滑液在没有采用特殊装置的情况下,难以输入到切削区,使刀具耐用度降低,而且排屑也困难。

(3)在深孔的加工过程中,不能直接观察刀具切削情况,只能凭工作经验听切削时的声

63

音、看切屑、手摸振动与工件温度、观仪表（油压表和电表），来判断切削过程是否正常。

（4）切屑排除困难，必须采用可靠的手段进行断屑及控制切屑的长短与形状，以利于顺利排除，防止切屑堵塞。

（5）为了保证深孔在加工过程中顺利进行和达到应要求的加工质量，应增加刀具内（或外）排屑装置、刀具引导和支承装置与高压冷却润滑装置。

（6）刀具散热条件差，切削温度升高，使刀具的耐用度降低。

如图 9-2-1 所示为深孔加工用钻头。

▲图 9-2-1　深孔加工用钻头

采用立式数控铣床及加工中心进行深孔加工，主要使用 G73 或 G83 固定循环指令。

G73 为深孔钻固定循环指令（断屑并不排屑），该指令以间歇进给方式钻削工件，当加工至一定深度时，钻头上抬一距离 d，因而钻孔时具有断屑不排屑的特点，主要适用于深孔加工。G73 指令运动示意图如图 9-2-2 所示。

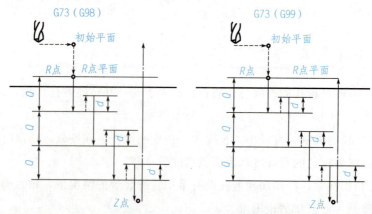

▲图 9-2-2　G73 指令运动示意图

指令格式：

G98
　　　G73 X_ Y_ Z_ R_ Q_ F_ K_
G99

其中：Q_ 为每次钻深，图 9-2-2 中的 d 表示刀具每次向上抬起的距离，由数控系统 531♯ 参数确定，一般取默认值。其余各参数含义与 G81 指令完全相同。

与 G73 相比，G83 深孔钻固定循环指令（断屑并排屑）也是以间歇进给方式钻削工件，当加工至一定深度后，钻头上抬至参考平面，因而钻孔时具有断屑、排屑的特点，主要适用于深孔加工。G83 指令运动示意图如图 9-2-3 所示。

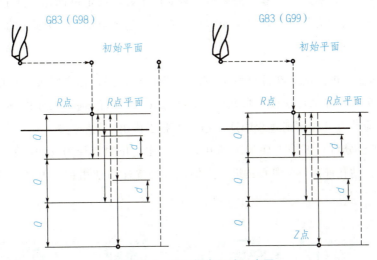

▲图 9-2-3　G83 指令运动示意图

指令格式：

G98
　　　G83 X_ Y_ Z_ R_ F_ Q_ K_
G99

该指令各参数含义与 G73 指令完全相同。

本任务要求完成如图 9-2-4 所示的零件孔加工，零件材料为 45 钢。

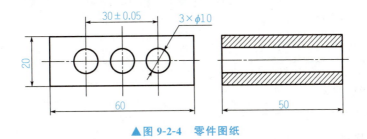

▲图 9-2-4　零件图纸

三、任务实施

1. 加工准备

(1)详细阅读零件图,并按照图纸检查坯料的尺寸。
(2)编制加工程序,输入程序并选择该程序。
(3)用平口虎钳装夹工件,伸出钳口 8 mm 左右,用百分表找正。
(4)安装寻边器,确定工件零点为坯料上表面的中心,设定可选择工件坐标系。
(5)选择合适的钻头并对刀,设定加工相关参数,选择自动加工方式加工零件。

2. 工艺分析及处理

(1)零件图样分析。该工件材料为 45 钢,切削性能较好,孔直径尺寸精度不高,可以一次完成钻削加工。孔的位置没有特殊要求,可以按照图纸的基本尺寸进行编程。由于孔的深度较深,应使刀具在钻削过程中适当退刀以利于排出切屑。

(2)加工工艺分析。工件上要加工的孔共 3 个孔,孔的直径为 $\phi 10$,故需要使用 $\phi 10$ 钻头进行加工,钻孔前用 A5 中心钻进行点钻,合理选择切削用量。刀具卡和工序卡分别见表 9-2-1、表 9-2-2。

▼ 表 9-2-1 刀具卡

刀具号	刀具名称	刀具规格	刀具材料
T1	中心钻	A5	高速钢
T2	麻花钻	$\phi 10$	高速钢

▼ 表 9-2-2 工序卡

工步	工步内容	刀具号	主轴转速 /(r·min^{-1})	进给量 /(mm·min^{-1})	切削深度 /mm	切削余量 /mm
1	钻中心孔	T1	1 000	30		
2	钻 $\phi 10$ 孔	T2	750	100		

(3)基点计算(略)。
(4)编写程序单。
(5)输入程序单。
(6)模拟、加工、检验。

3. 参考程序

程序内容	程序说明
N10 G90 G54 G40 G17 G69;	程序初始化,以工件上表面中心为原点建立 G54 坐标系
N20 M06 T01;	换 1 号刀,A5 中心钻
N30 G00 G43 H1 Z100;	执行 1 号长度补偿,Z 轴快速定位快速到安全高度
N40 M03 S1000;	1 000 r/min 点钻
N50 M08;	开冷却液
N60 G99 G82 X-15 Y0 Z-1 R2 P2000 F30;	点钻 3 个孔
N70 X0;	
N80 G98 X15;	注意:提刀到初始平面,安全高度
N90 G80;	取消钻孔循环
N100 M09;	关闭冷却液
N110 M05;	主轴停转
N120 G91 G28 Z0;	Z 轴返回参考点
N130 M06 T02;	换 2 号刀,φ10 麻花钻
N140 G00 G43 H2 Z100;	执行 2 号长度补偿,Z 轴快速定位快速到安全高度
N150 M03 S750;	750 r/min 钻孔
N160 M08;	开冷却液
N170 G99 G83 X-15 Y0 Z-55 R2 Q5 F100;	钻孔,深孔啄钻
N180 X0;	
N190 G98 X15;	
N200 G80;	
N210 M09;	关闭冷却液
N220 M05;	主轴停转
N230 M30;	程序结束

四、任务评价

项目	评分要素	配分	评分标准	检测结果	得分
编程 (20分)	加工工艺路线制订	5	加工工艺路线制订正确		
	刀具及切削用量选择	5	刀具及切削用量选择合理		
	程序编写正确性	10	程序编写正确、规范		

续表

项目	评分要素	配分	评分标准	检测结果	得分
操作 （30分）	手动操作	10	对刀操作不正确扣5分		
	自动运行	10	程序选择错误扣5分 启动操作不正确扣5分 F、S调整不正确扣2分		
	参数设置	10	零点偏置设定不正确扣5分 刀补设定不正确扣5分		
工件质量 （30分）	形状	10	有一处过切扣2分 有一处残余余量扣2分		
	尺寸	16	每超0.02 mm扣2分		
	表面粗糙度	4	每降一级扣1分		
工量刃具的 使用与维护 （10分）	常用工量刃具的使用	10	使用不当每次扣2分		
安全文明 生产（10分）	正确执行安全技术操作规程，按企业有关的文明生产规定，做到工作地整洁，工件、工具摆放整齐	10	严格执行制度、规定者满分，执行差者酌情扣分		
综合评价					

五、相关资讯

锪孔是指在已加工的孔上加工圆柱形沉头孔、锥形沉头孔和凸台断面等。锪孔时使用的刀具称为锪钻，一般用高速钢制造。加工大直径凸台断面的锪钻，可用硬质合金重磨式刀片或可转位式刀片，用镶齿或机夹的方法，固定在刀体上制成，如图9-2-5所示。

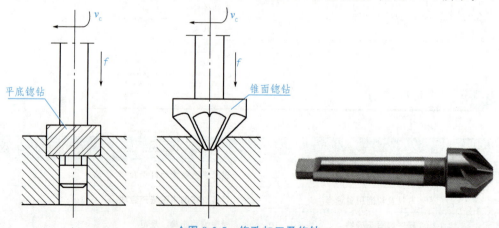

▲图9-2-5 锪孔加工及锪钻

孔加工路线安排一般寻求最短加工路线，减少空刀时间以提高加工效率，如图 9-2-6 所示。图 9-2-6(a)为零件上的孔系分布图；图 9-2-6(b)走刀路线为先加工完外圆孔后，再加工内圆孔；图 9-2-6(c)的走刀路线最短，可节省定位时间。

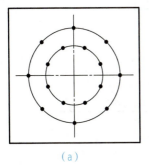
(a)

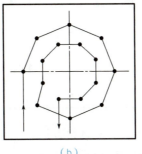
(b)

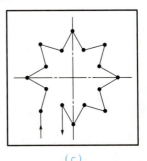
(c)

▲图 9-2-6　孔加工路线安排

(a)零件上的孔系分布图；(b)加工路线 1；(c)加工路线 2

对于位置精度要求较高的孔系加工，特别需要注意孔的加工顺序的安排，避免将坐标轴的反向间隙带入，从而影响位置精度。如图 9-2-7 所示为孔系加工路线。采用 $A \to 1 \to 2 \to 3 \to 4 \to B \to 5 \to 6 \to 7 \to 8$ 的顺序进行加工，可避免坐标轴 X 方向的反向间隙带入，提高孔之间的位置精度。

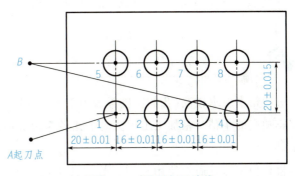

▲图 9-2-7　孔系加工路线

六、练习与提高

加工如图 9-2-8 所示的零件孔，试编写加工程序。

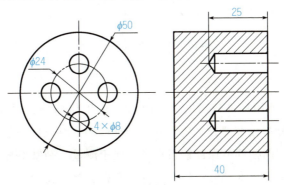

▲图 9-2-8　零件孔加工

任务三 铰孔加工

一、任务目标

- 掌握铰孔精加工的常用方法及刀具选择方法。
- 掌握铰刀的选用方法及合理切削用量的选择。
- 掌握铰孔固定循环指令的格式及用法。
- 能够安全文明操作,掌握机床的维护与保养方法。

二、任务资讯

一般精度要求较高(孔的精度等级为 IT6~IT10)的配合孔,在完成孔的粗加工后,必须安排相应的半精、精加工工序。对于孔径≤30 mm 的连接孔,通常采用铰削对其进行精加工。

铰孔加工刀具通常使用铰刀。数控铣床及加工中心上经常使用的铰刀有通用标准铰刀、机夹硬质合金刀片的单刃铰刀和浮动铰刀等。

通用标准铰刀如图 9-3-1 所示,有直柄、锥柄和套式三种。直柄铰刀的直径为 6~20 mm,小孔直柄铰刀的直径为 1~6 mm;锥柄铰刀的直径为 10~32 mm;套式铰刀的直径为 25~80 mm。

(a)   (b)   (c)

▲图 9-3-1 通用标准铰刀

(a)直柄铰刀;(b)锥柄铰刀;(c)套式铰刀

如图 9-3-2 所示,通用标准铰刀有 4~12 齿,由工作部分、颈部、柄部三部分组成。工作部分包括切削部分与校准部分。切削部分为锥形,主要担负切削工作。校准部分包括圆柱部分和倒锥部分。圆柱部分保证铰刀直径和便于测量;倒锥部分可减少铰刀与孔壁的摩擦,减少孔径扩大量。校准部分的作用是校正孔径、修光孔壁和导向。

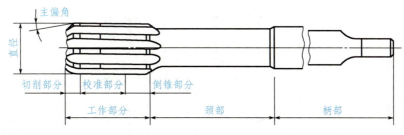

▲图 9-3-2 通用标准铰刀结构示意图

使用通用标准铰刀铰孔时，加工精度等级可达 IT8～IT9、表面粗糙度 Ra 为 0.8～1.6 μm。在生产中，为了保证加工精度，铰孔时的铰削余量预留要适中。铰孔加工余量推荐值见表 9-3-1。

▼表 9-3-1 铰孔加工余量推荐值（直径量）

孔的直径/mm	≤ϕ8	ϕ8～ϕ20	ϕ21～ϕ32	ϕ33～ϕ50	ϕ51～ϕ70
铰孔余量/mm	0.1～0.2	0.15～0.25	0.2～0.3	0.25～0.35	0.25～0.35

铰孔一般用 G85 循环指令：

G98
G99　　G76 X_ Y_ Z_ R_ Q_ F_ K_

使用该指令铰孔时，刀具以切削进给方式加工到达孔底后，以切削速度回退 R 点平面，指令动作及步骤如图 9-3-3 所示。

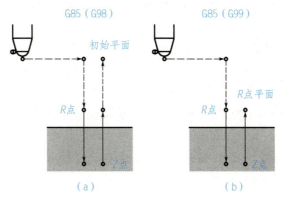

▲图 9-3-3 G85 指令运动示意图
(a)刀具返回初始平面；(b)刀具返回 R 点平面

本任务要求完成如图 9-3-4 所示零件孔的加工。零件材料为 45 钢，已完成上下平面及周边的加工。

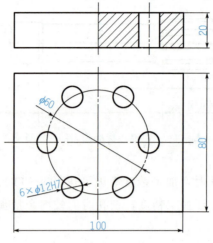

▲图 9-3-4 零件图纸

三、任务实施

1. 加工准备

(1) 详细阅读零件图,并按照图纸检查坯料的尺寸。
(2) 编制加工程序,输入程序并选择该程序。
(3) 用平口虎钳装夹工件,伸出钳口 8 mm 左右,用百分表找正。
(4) 安装寻边器,确定工件零点为坯料上表面的中心,设定工件坐标系。
(5) 选择合适的钻头、铰刀并对刀,设定加工相关参数,选择自动加工方式加工零件。

2. 工艺分析及处理

(1) 零件图样分析。该工件材料为 45 钢,切削性能较好,孔直径尺寸精度要求较高,需要钻孔后进行铰孔。孔的位置没有特殊要求,可以按照图纸的基本尺寸进行编程。环形分布的孔为通孔,加工时可取 3~5 mm 刀具超越量。

(2) 加工工艺分析。工件上要加工的孔共 6 个孔,孔的直径为 $\phi12$,需要分别使用 $\phi11.8$ 钻头、$\phi12$ 铰刀进行加工,钻孔前用 A5 中心钻进行点钻。合理选择切削用量,刀具卡和工序卡分别见表 9-3-2 和表 9-3-3。

▼表 9-3-2 刀具卡

刀具号	刀具名称	刀具规格	刀具材料
T1	中心钻	A5	高速钢
T2	麻花钻	$\phi11.8$	高速钢
T3	铰刀	$\phi12$	硬质合金

▼表 9-3-3 工序卡

工步	工步内容	刀具号	主轴转速 /(r·min⁻¹)	进给量 /(mm·min⁻¹)	切削深度 /mm	切削余量 /mm
1	钻中心孔	T1	1 000	30	—	—
2	钻孔	T2	600	100	20	D/2
3	铰孔	T3	150	50	20	0.1

(3)基点计算(略)。

(4)编写程序单。

(5)输入程序单。

(6)模拟、加工、检验。

3. 参考程序

程序内容	程序说明
O0001;	程序号
N10 G90 G54 G40 G17 G69;	程序初始化
N20 M06 T01;	换1号刀,A5中心钻
N30 G00 G43 H1 Z100;	执行1号长度补偿,Z轴快速定位,快速到安全高度
N40 M03 S1000;	1 000 r/min点钻
N50 M08;	开冷却液
N60 G99 G82 X-30 Y0 Z-1 R2 P2000 F30;	点钻6个环形分布孔
N70 X-15 Y-25.98;	
N80 X15;	
N90 X30 Y0;	
N100 X15 Y25.98;	
N110 G98 X-15;	注意:提刀到初始平面,安全高度
N120 M09;	关闭冷却液
N130 M05;	主轴停转
N140 G91 G28 Z0;	Z轴返回参考点
N150 M06 T02;	换2号刀,φ11.8麻花钻
N160 G00 G43 H2 Z100;	执行2号长度补偿,Z轴快速定位,快速到安全高度
N170 M03 S600;	600 r/min钻孔
N180 M08;	开冷却液
N190 G99 G81 X-30 Y0 Z-25 R2 F100;	钻6个环形分布通孔
N200 X-15 Y-25.98;	
N210 X15;	
N220 X30 Y0;	
N230 X15 Y25.98;	
N240 G98 X-15;	

续表

程序内容	程序说明
N250 M09;	关闭冷却液
N260 M05;	主轴停转
N270 G91 G28 Z0;	Z轴返回参考点
N280 M06 T03;	换3号刀，φ13铰刀
N290 G00 G43 H3 Z100;	执行3号长度补偿，Z轴快速定位，快速到安全高度
N300 M03 S150;	150 r/min 铰孔
N310 M08;	开冷却液
N320 G99 G85 X-30 Y0 Z-25 R2 F100;	铰6个环形分布通孔
N330 X-15 Y-25.98;	
N340 X15;	
N350 X30 Y0;	
N360 X15 Y25.98;	
N370 G98 X-15;	
N380 M09;	关闭冷却液
N390 M05;	主轴停转
N400 M30;	程序结束

4. 注意事项

铰孔过程中，由于工艺制定、刀具参数设置等方面的原因会出现一系列问题，具体问题及产生原因见表9-3-4。

▼表9-3-4 铰孔的问题及产生原因

项目	出现问题	产生原因
铰孔	孔径扩大	铰孔中心与底孔中心不一致
		进给量或铰削余量过大
		切削速度太高，铰刀热膨胀
		切削液选用不当或没加切削液
	孔径缩小	铰刀磨损或铰刀已钝
		铰铸铁时以煤油作切削液
	孔呈多边形	铰削余量太大，铰刀振动
		铰孔前钻孔不圆
	表面粗糙度质量差	铰孔余量太大或太小
		铰刀切削刃不锋利
		切削液选用不当或没加切削液
		切削速度过大，产生积屑瘤
		孔加工固定循环选择不合理，进退刀方式不合理
		容屑槽内切屑堵塞

四、任务评价

项目	评分要素	配分	评分标准	检测结果	得分
编程 (20分)	加工工艺路线制订	5	加工工艺路线制订正确		
	刀具及切削用量选择	5	刀具及切削用量选择合理		
	程序编写正确性	10	程序编写正确、规范		
操作 (30分)	手动操作	10	对刀操作不正确扣5分		
	自动运行	10	程序选择错误扣5分 启动操作不正确扣5分 F、S调整不正确扣2分		
	参数设置	10	零点偏置设定不正确扣5分 刀补设定不正确扣5分		
工件质量 (30分)	形状	10	有一处过切扣2分 有一处残余余量扣2分		
	尺寸	16	每超0.02 mm扣2分		
	表面粗糙度	4	每降一级扣1分		
工量刃具的使用与维护 (10分)	常用工量刃具的使用	10	使用不当每次扣2分		
安全文明生产(10分)	正确执行安全技术操作规程,按企业有关的文明生产规定,做到工作地整洁、工件、工具摆放整齐	10	严格执行制度、规定者满分,执行差者酌情扣分		
综合评价					

五、相关资讯

在生产实践中,通常根据刀具、工件材料、孔径、加工精度来确定铰削、镗削用量。高速钢铰刀铰削用量推荐值见表9-3-5。

▼ 表 9-3-5　高速钢铰刀铰削用量推荐值

铰刀直径 d/mm	低碳钢 120～200 HB f/(mm·r^{-1})	低合金钢 200～300 HB f/(mm·r^{-1})	高合金钢 300～400 HB f/(mm·r^{-1})	软铸铁 130 HB f/(mm·r^{-1})	中硬铸铁 175 HB f/(mm·r^{-1})	硬铸铁 230 HB f/(mm·r^{-1})
6	0.13	0.10	0.10	0.15	0.15	0.15
9	0.18	0.18	0.15	0.20	0.20	0.20
12	0.20	0.20	0.18	0.25	0.25	0.25
15	0.25	0.25	0.20	0.30	0.30	0.30
19	0.30	0.30	0.25	0.38	0.38	0.36
22	0.33	0.33	0.25	0.43	0.43	0.41
25	0.51	0.38	0.25	0.51	0.51	0.41

孔的测量工具(图 9-3-5)与长度测量工具有着明显的不同,具体见表 9-3-6。

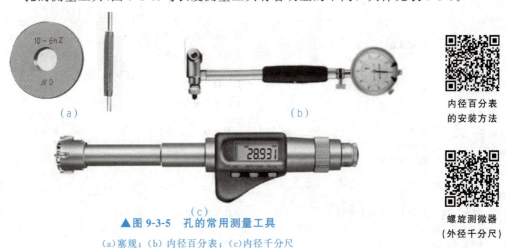

▲ 图 9-3-5　孔的常用测量工具
(a)塞规；(b)内径百分表；(c)内径千分尺

内径百分表的安装方法

螺旋测微器(外径千分尺)

▼ 表 9-3-6　精度要求较高的孔的测量工具

孔的测量	孔径的测量	孔距的测量	孔的其他精度测量	
			形状精度	位置精度
	塞规	内外径千分尺		径向圆跳动
	内径百分表		圆度圆柱度	端面圆跳动
	内径千分尺			端面与孔轴线的垂直度

机夹硬质合金刀片的单刃铰刀结构示意图如图 9-3-6 所示。这种铰刀刀片具有很高的刃磨质量,切削刃口磨得异常锋利,其铰削余量通常在 10 μm(半径量)以下,常用于加工尺寸精度在 IT5～IT7 级、表面

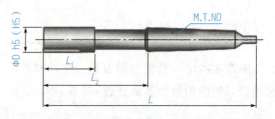

▲ 图 9-3-6　机夹硬质合金刀片的单刃铰刀结构示意图

粗糙度 Ra 为 0.7 μm 的高精度孔。

加工中心上使用的浮动铰刀结构示意图如图 9-3-7 所示。它有两个对称刃,可以自动平衡切削力,还能在铰削过层中自动抵偿因刀具安装误差或刀杆的径向跳动而引起的加工误差,因而加工精度稳定,定心准确,寿命较高速钢铰刀高 8～10 倍,且具有直径调整的连续性。

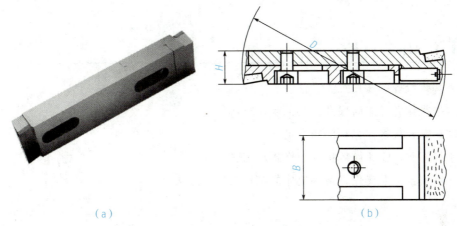

(a)　　　　　　　　　　　　　(b)

▲图 9-3-7　加工中心上使用的浮动铰刀结构示意图

(a)实物图；(b)加工尺寸

六、练习与提高

加工如图 9-3-8 所示的零件孔,试编写加工程序。

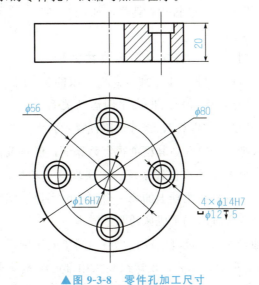

▲图 9-3-8　零件孔加工尺寸

任务四　螺纹孔加工

一、任务目标

- 掌握螺纹孔的常用加工方法。
- 掌握螺纹孔加工时底孔大小的确定方法。
- 掌握数控攻螺纹循环的指令动作。
- 掌握 G84、G74 循环指令的格式及用法。
- 能够安全文明操作,掌握机床的维护与保养方法。

二、任务资讯

在数控铣床/加工中心机床上加工螺纹孔,通常采用两种加工方法,即攻螺纹和铣螺纹。在生产实践中,对于公称直径在 M24 以下的螺纹孔,一般采用攻螺纹方法完成螺纹孔加工;而对于公称直径在 M24 以上的螺纹孔,则通常采用铣螺纹方式完成螺纹孔加工。

攻螺纹即用丝锥在孔壁上切削出内螺纹,如图 9-4-1 所示。

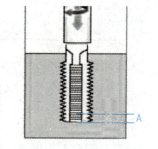

▲图 9-4-1　用丝锥攻螺纹

从理论上讲,攻螺纹时机床主轴转一圈,丝锥在 Z 轴的进给量应等于它的螺距。如果数控铣床/加工中心机床的主轴转速与其 Z 轴的进给总能保持这种同步成比例运动关系,那么这种攻螺纹方法称为"刚性攻螺纹",也称为刚性攻丝。

以刚性攻螺纹的方式加工螺纹孔,其精度很容易保证,但对数控机床提出了很高的要求,此时主轴的运行由速度系统换成位置系统。要实现这一转换,数控铣床/加工中心机床常采用伺服电机驱动主轴,并在主轴上加装一个螺纹编码器,同时,主轴传动机构的间隙及惯量也要严格控制,这无疑增加了机床的制造成本。

柔性攻螺纹就是主轴转速与丝锥进给没有严格的同步成比例运动关系,而是用可伸缩的攻螺纹夹头,如图 9-4-2 所示,靠装在攻螺纹夹头内部的弹簧对进给量进行补偿以改善攻螺纹的精度,这种攻螺纹方法称为"柔性攻螺纹",也称为柔性攻丝。

对于主轴没有安装螺纹编码器的数控铣床/加工中心机床,此时主轴的转速和 Z 轴的进给是独立控制的,可采用柔性攻螺纹方式加工螺纹孔,但加工精度较刚性攻螺纹低。

为了提高生产效率，通常选择耐磨性较好的丝锥（如硬质合金丝锥），在加工中心机床上一次攻牙即完成螺孔加工。

铣螺纹就是用螺纹铣刀在孔壁切削内螺纹或外螺纹。其工作原理是：应用 G03/G02 螺旋插补指令，刀具沿工件表面切削，螺旋插补一周，刀具沿 Z 向走一个螺距量，如图 9-4-3 所示。

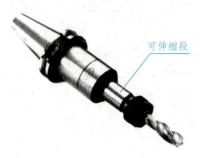

▲图 9-4-2　可伸缩攻丝刀柄

▲图 9-4-3　螺纹铣削示意图

攻螺纹通常用攻螺纹循环指令 G74/G84 进行编程。G74 为左旋螺纹攻螺纹循环，当刀具以反转方式切削螺纹至孔底后，主轴正转返回 R 点平面或初始平面，最终加工出左旋的螺纹孔，如图 9-4-4 所示。

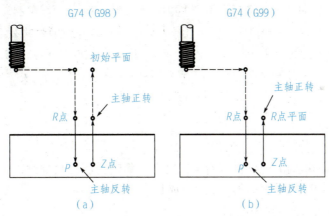

▲图 9-4-4　G74 指令运动示意图

(a) 刀具返回初始平面；(b) 刀具返回 R 点平面

G84 为右旋螺纹攻螺纹循环，当刀具以正转方式切削螺纹至孔底后，主轴反转返回 R 点平面或初始平面，最终加工出左旋的螺纹孔，如图 9-4-5 所示。

G74/G84 指令格式为：

G74
G84　　X_ Y_ Z_ R_ F_ K_；

其中：参数意义与 G81 指令完全相同，在此略写。

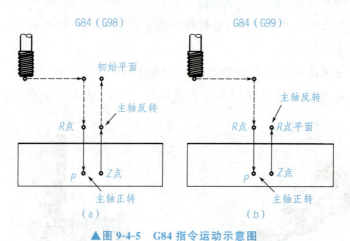

▲图 9-4-5 G84 指令运动示意图

(a)刀具返回初始平面;(b)刀具返回 R 点平面

注意事项:

(1)当主轴旋转由 M03/M04/M05 指定时,此时的攻螺纹为柔性攻螺纹,下列程序执行时即为柔性攻螺纹:

……

M04 S200;

G90 G99 G74 X100 Y-75 Z-50 R5 F100;　　在(100,-75)处攻第一个螺纹;

Y75;　　在(100,75)处攻第二个螺纹;

X-100;　　在(-100,75)处攻第三个螺纹;

Y-75;　　在(-100,-75)处攻第四个螺纹。

G00 Z100;

M05;

……

(2)当主轴旋转状态用 M29 指定时,此时的攻螺纹为刚性攻螺纹。下列程序执行时即为刚性攻螺纹:

……

G94;

M29 S1000;　　指定刚性方式;

G90 G99 G84 X120 Y100 Z-40 R5 F1000;　　在(120,100)处攻第一个螺纹;

X-120;　　在(-120,100)处攻第二个螺纹。

G00 Z100;

……

(3)若增加"Q_"参数项,即指令格式为"G74/G84 X_ Y_ Z_ R_ P_ Q_ K_ F_",同时主轴旋转状态用 M29 指定,此时的攻螺纹为排屑式刚性攻螺纹,系统以间歇方式攻螺纹。

本任务要求完成如图9-4-6所示的零件螺纹孔6个M10螺纹通孔加工。工件材料为45钢。生产规模：单件。

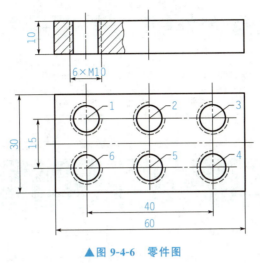

▲ 图9-4-6　零件图

三、任务实施

1. 加工准备

(1)详细阅读零件图，并按照图纸检查坯料的尺寸。

(2)编制加工程序，输入程序并选择该程序。

(3)用平口虎钳装夹工件，用百分表找正。

(4)安装寻边器，确定工件零点为坯料上表面的中心，设定可选择工件坐标系。

(5)选择中心钻、钻头、机用丝锥并对刀，设定加工相关参数，选择自动加工方式加工零件。

2. 工艺分析及处理

(1)零件图样分析。该工件材料为45钢，切削性能较好。螺纹孔的位置没有特殊要求，可以按照图纸的基本尺寸进行编程。

(2)加工工艺分析。为保证螺纹孔位置，选用一把A5中心钻作中心孔加工，螺纹孔的底径孔可用一把φ8.5麻花钻进行加工，选用M10螺距1.5 mm的高速钢直槽丝锥作孔的最终加工。

XY向刀路设计按照图9-4-1所示孔1→孔2→孔3→孔4→孔5→孔6的顺序进行加工。因零件孔位处的厚度仅有10 mm，故钻孔时Z向刀路采用一次钻、攻螺纹至底面的方式加工工件。

采用计算方法选择切削用量，其中M10直柄丝锥的转速$S=80\sim100$ r/min。进给量为$F=S\times P$(mm/min)，P为螺距。合理选择切削用量，刀具卡和工序卡分别见表9-4-1和

表9-4-2，在此略写。

▼ 表9-1-1 刀具卡

刀具号	刀具名称	刀具规格	刀具材料
T1	中心钻	A5	高速钢
T2	麻花钻	φ8.5	高速钢
T3	丝锥	M10	高速钢

▼ 表9-1-2 工序卡

工步	工步内容	刀具号	主轴转速 /(r·min⁻¹)	进给量 /(mm·min⁻¹)	切削深度 /mm	切削余量 /mm
1	钻中心孔	T1	1 000	30		
2	钻 φ8.5 孔	T2	850	80		
3	攻螺纹 M10	T3	80	120		

(3)基点计算(略)。

(4)编写程序单。

(5)输入程序单。

(6)模拟、加工、检验。

3. 参考程序

程序内容	程序说明
O0001;	程序号
N10 G90 G54 G40 G17 G69 G80;	程序初始化
N20 M06 T01;	换1号刀，A5中心钻
N30 G00 G43 H1 Z100;	执行1号长度补偿，Z轴快速定位快速到安全高度
N40 M03 S1000;	1 000 r/min点钻
N50 M08;	开冷却液
N60 G99 G82 X-20 Y7.5 Z-1 R2 P2000 F30;	点钻6个定位孔
N70 X0;	
N80 X20;	
N90 Y-7.5;	
N100 X0;	
N110 G98 X-20;	
N120 G80;	取消钻孔循环
N130 M09;	关闭冷却液

续表

程序内容		程序说明
N140	M05;	主轴停转
N150	G91 G28 Z0;	Z轴返回参考点
N160	M06 T02;	换2号刀，φ8.5麻花钻
N170	G00 G43 H2 Z100;	执行2号长度补偿，Z轴快速定位，快速到安全高度
N180	M03 S850;	850 r/min 钻孔
N190	M08;	开冷却液
N200	G99 G81 X-20 Y7.5 Z-14 R2 F100;	钻6个φ8.5孔
N210	X0;	
N220	X20;	
N230	Y-7.5;	
N240	X0;	
N250	G98 X-20;	
N260	G80;	取消钻孔循环
N270	M09;	关闭冷却液
N280	M05;	主轴停转
N290	G91 G28 Z0;	Z轴返回参考点
N300	M06 T03	换3号刀，M10×1.5直槽丝锥
N310	G00 G43 H3 Z100;	执行3号长度补偿，Z轴快速定位，快速到安全高度
N320	M03 S80;	80 r/min 攻螺纹
N330	M08;	开冷却液
N340	G98 G84 X-20 Y7.5 Z-14 R5 F100;	攻6个M10螺纹
N350	X0;	
N360	X20;	
N370	Y-7.5;	
N380	X0;	
N390	X-20;	
N400	G80;	取消钻孔循环
N410	M09;	关冷却液
N420	G00 Z100;	抬刀
N430	M05;	主轴停转
N440	M30;	程序结束

4. 注意事项

在加工螺纹时,受刀具磨损、工艺设置等问题会产生乱牙、螺纹不完整等问题,具体问题及产生原因见表 9-4-3。

▼表 9-4-3 攻螺纹问题及产生原因

出现问题	产生原因
螺纹乱牙或滑牙	丝锥夹紧不牢固,造成乱牙
	攻不通孔螺纹时,固定循环中的孔底平面选择过深
	切屑堵塞,没有及时清理
	固定循环程序选择不合理
丝锥折断	底孔直径太小
	底孔中心与攻螺纹主轴中心不重合
	攻螺纹夹头选择不合理,没有选择浮动夹头
尺寸不正确或螺纹不完整	丝锥磨损
	底孔直径太大,造成螺纹不完整
表面粗糙度质量差	转速太快,导致进给速度太快
	切削液选择不当或使用不合理
	切屑堵塞,没有及时清理
	丝锥磨损

四、任务评价

项目	评分要素	配分	评分标准	检测结果	得分
编程 (20分)	加工工艺路线制订	5	加工工艺路线制订正确		
	刀具及切削用量选择	5	刀具及切削用量选择合理		
	程序编写正确性	10	程序编写正确、规范		
操作 (30分)	手动操作	10	对刀操作不正确扣 5 分		
	自动运行	10	程序选择错误扣 5 分 启动操作不正确扣 5 分 F、S 调整不正确扣 2 分		
	参数设置	10	零点偏置设定不正确扣 5 分 刀补设定不正确扣 5 分		

续表

项目	评分要素	配分	评分标准	检测结果	得分
工件质量（30分）	形状	10	有一处过切扣2分 有一处残余余量扣2分		
	尺寸	16	每超0.02 mm扣2分		
	表面粗糙度	4	每降一级扣1分		
工量刃具的使用与维护（10分）	常用工量刃具的使用	10	使用不当每次扣2分		
安全文明生产（10分）	正确执行安全技术操作规程，按企业有关的文明生产规定，做到工作地整洁，工件、工具摆放整齐	10	严格执行制度、规定者满分，执行差者酌情扣分		
综合评价					

五、相关资讯

在生产实践中，加工螺纹孔常用以下几种刀具。

(1) 丝锥。丝锥是具有特殊槽，带有一定螺距的螺纹圆形刀具。加工中常用的丝锥有直槽和螺旋槽两大类（图 9-4-7）。直槽丝锥加工容易、精度略低、产量较大，一般用于普通钻床及攻螺纹机的螺纹加工，切削速度较慢。螺旋槽丝锥多用于数控加工中心钻盲孔用，加工速度较快、精度高、排屑较好、对中性好。常用的丝锥材料有高速钢和硬质合金，现在的工具厂生产的丝锥大都是涂层丝锥，较未涂层丝锥的使用寿命和切削性能都有很大的提高。

(a)   (b)

▲图 9-4-7　丝锥

(a) 直槽丝锥；(b) 螺旋槽丝锥

(2) 整体式螺纹铣刀。从外形看，整体式螺纹铣刀（图 9-4-8）像是圆柱立铣刀与螺纹丝锥的结合体，但它的螺纹切削刃与丝锥不同，刀具上无螺旋升程，加工中的螺旋升程靠机床运动实现。由于这种特殊结构，使该刀具既可以加工右旋螺纹，也可以加工左旋螺纹，但不适用于加工较大螺距的螺纹。

整体式螺纹铣刀适用于钢、铸铁和有色金属材料的中小直径螺纹铣削，切削平稳，耐用度高；其缺点是刀具制造成本较高，结构复杂，价格昂贵。

(3)机夹螺纹铣刀。机夹螺纹铣刀结构如图9-4-9所示，适用于较大直径(如 $D>26$ mm)的螺纹加工，这种刀具的特点是：刀片易于制造，价格较低。有的螺纹刀片可双面切削，但抗冲击性能较整体式螺纹铣刀稍差。因此，这类刀具常推荐用于加工铝合金材料。

▲图 9-4-8　整体式螺纹铣刀

▲图 9-4-9　机夹螺纹铣刀结构

(4)螺纹钻铣刀。螺纹钻铣刀由头部的钻削部分、中间的螺纹铣削部分及切削刃根部的倒角刃三部分组成，如图9-4-10所示。钻削部分直径就是刀具所能加工螺纹的底径，这类刀具通常用整体硬质合金制成，是一种中小直径内螺纹的高效加工刀具，螺纹钻铣刀可一次完成钻螺纹底孔、孔口倒角和内螺纹加工，减少了刀具使用数量。其工作示意图如图 9-4-11所示。

由于这类刀具在选择时受钻削部分直径的限制，一把螺纹钻铣刀只能加工一种规格的内螺纹，因而其通用性较差，价格也比较昂贵。

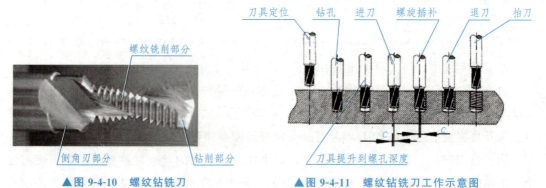

▲图 9-4-10　螺纹钻铣刀　　　　　　▲图 9-4-11　螺纹钻铣刀工作示意图

铣螺纹主要分为以下工艺过程，如图 9-4-12 所示。

第一步：螺纹铣刀运动至孔深尺寸。

第二步：螺纹铣刀快速提升到螺纹深度尺寸，螺纹铣刀以 90°或 180°圆弧切入螺纹起始点。

第三步：螺纹铣刀绕螺纹轴线作 X、Y 方向圆弧插补运动，同时作平行于轴线的+Z 向运动，即每绕螺纹轴线运动360°，沿+Z 方向上升一个螺距，三轴联动运行轨迹为一个螺旋线。

第四步：螺纹铣刀以圆弧从起始点(也是结束点)退刀。

第五步：螺纹铣刀快速退至工件安全平面，准备加工下一孔。

该加工过程包括内螺纹铣削和螺纹清根铣削，采用一把刀具一次完成，加工效率很高。

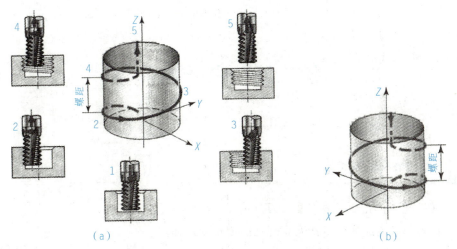

▲图 9-4-12 螺纹铣削刀具路径示意图

(a)右旋螺纹；(b)左旋螺纹

从图 9-4-12 中可以看出，右旋内螺纹的加工是从里往外切削，左旋内螺纹的加工是从外向里切削，这主要是为了保证铣削时为顺铣，提高螺纹质量。

常用的螺纹精度检验工具有外螺纹千分尺和螺纹塞规与环规，如图 9-4-13 所示。

▲图 9-4-13 螺纹的精度检验工具

六、练习与提高

加工如图 9-4-14 所示的零件，试编写加工程序。

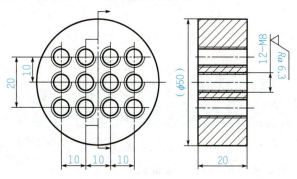

▲图 9-4-14 零件加工尺寸

任务五 镗孔加工

◎ 一、任务目标

- 掌握钻孔、扩孔加工的方法及刀具选择方法。
- 掌握镗刀的安装调整方法及合理切削用量的选择。
- 掌握镗孔固定循环指令的格式及用法。
- 能够安全文明操作,掌握机床的维护与保养方法。

◎ 二、任务资讯

镗孔是利用镗刀对工件上已有的孔进行扩大加工,其所用刀具为镗刀。对于孔径大于 30 mm 的孔,常采用镗削方式完成孔的精加工。如图 9-5-1 所示为可调精镗刀。

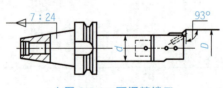

▲图 9-5-1 可调精镗刀

常用的镗孔加工固定循环指令见表 9-5-1。

表 9-5-1 镗孔加工固定循环指令

G 代码	格式	加工动作 (Z 方向)	孔底部动作	退刀动作 (Z 方向)
G76	G76 X_ Y_ Z_ R_ Q_ F_ K_	切削进给	主轴定向停止,并有偏移动作	快速回退
G85	G85 X_ Y_ Z_ R_ F_ K_	切削进给	—	切削速度回退

续表

G 代码	格式	加工动作（Z方向）	孔底部动作	退刀动作（Z方向）
G86	G86 X_ Y_ Z_ R_ F_ K_	切削进给	主轴停转	快速回退
G87	G87 X_ Y_ Z_ R_ P_ Q_ F_ K_	切削进给	主轴停转	快速回退
G88	G88 X_ Y_ Z_ R_ P_ F_ K_	切削进给	进给暂停，主轴停转	手动回退
G89	G89 X_ Y_ Z_ R_ P_ F_ K_	切削进给	进给暂停	切削速度回退

使用 G76 固定循环指令镗孔时，刀具到达孔底后主轴停转，与此同时，主轴回退一距离使刀尖离开已加工表面，如图 9-5-2(a) 所示，并快速返回。动作过程如图 9-5-2(b)、(c) 所示。由于该指令 XY 平面内具有偏移功能，有效地保护了已加工表面，因此常用于精镗孔加工。

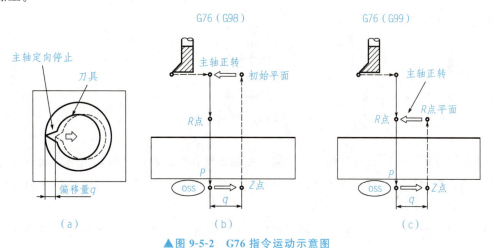

▲图 9-5-2　G76 指令运动示意图

(a) G76 指令孔底退刀；(b) 刀具返回初始平面；(c) 刀具返回 R 点平面

G76 固定循环指令格式：

G98
G99　　G76 X_ Y_ Z_ R_ Q_ F_ K_

其中：Q_ 为刀具在孔底的偏移量。其余各参数含义与 G81 指令完全相同。

使用 G76 指令时必须注意以下两个方面问题：Q_ 是固定循环内保存的模态值，必须小心指定，因为它也可指定 G73/G83 指令的每次钻深。使用 G76 指令前，必须确认机床是否具有主轴准停功能，否则可能会发生撞刀。

使用 G85 固定循环指令镗孔时，刀具到达孔底后以切削速度回退 R 点平面或初始平面，由于退刀时刀具转动容易刮伤已镗表面，因此该指令常用于粗镗孔。

G86 指令加工时，加工到孔底后主轴停止，返回初始平面或 R 平面后，主轴再重新启动。采用这种方式，如果连续加工的孔间距较小，可能出现刀具已经定位到下一个孔加工的位置而主轴尚未到达指定的转速,为此可以在各孔动作之间加入暂停 G04 指令,使主轴获得指定的转速。

背镗 G87 指令格式:

G98/G99 G87 X_Y_Z_R_Q_P_F_;

背镗指令的参数含义参照 G76 指令。执行 G87 循环时,刀具在 G17 平面内快速定位后,主轴准停,刀具向刀尖相反方向偏移 Q,然后快速移动到孔底(R 点),在这个位置刀具按原偏移量反向移动相同的 Q 值,主轴正转并以切削进给方式加工到 Z 平面,主轴再次准停,并沿刀尖相反方向偏移 Q,快速提刀至初始平面并按原偏移量返回到 G17 平面的定位点,主轴开始正转,循环结束,如图 9-5-3 所示。(注:G87 循环不能用 G99 进行编程。)

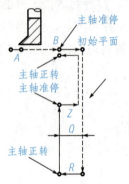

▲图 9-5-3　G87 指令动作

G89 指令加工时,刀具以切削进给的方式加工到孔底,然后又以切削进给的方式返回 R 点平面,因此适用于精镗孔等情况,在孔底增加了暂停,提高了阶梯孔台阶表面的加工质量,如图 9-5-4 所示。

G88 指令加工时,刀具到达孔底后暂停,暂停结束后主轴停止且系统进入进给保持状态,在此情况下可以执行手动操作,但为了安全,应先把刀具从孔中退出,再启动加工按循环启动按钮,刀具快速返回到 R 点平面或初始点平面,然后主轴正转,如图 9-5-4 所示。

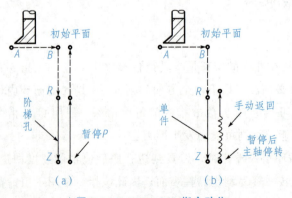

▲图 9-5-4　G88、G89 指令动作

(a)G89、G98 动作图;(b)G88 动作图

本任务要求完成如图 9-5-5 所示工件内孔的编程与加工。毛坯尺寸为 80 mm×80 mm×25 mm，材料为 45 钢，外轮廓已完成加工，内孔分别已粗加工至 ϕ35.6、ϕ49.6。

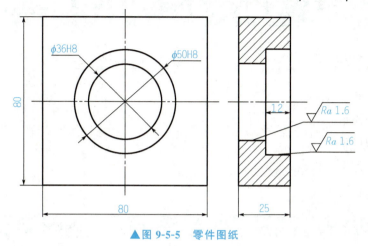

▲图 9-5-5 零件图纸

三、任务实施

1. 加工准备

(1)详细阅读零件图，并按照图纸检查坯料的尺寸。
(2)编制加工程序，输入程序并选择该程序。
(3)用平口虎钳装夹工件，用百分表找正。
(4)安装寻边器，确定工件零点为坯料上表面的中心，设定可选择工件坐标系。
(5)选择合适的镗刀并对刀，设定加工相关参数，选择自动加工方式加工零件。

2. 工艺分析及处理

(1)零件图样分析。该工件材料为 45 钢，切削性能较好，孔直径尺寸精度较高，内孔分别已粗加工至 ϕ35.6、ϕ49.6。ϕ36 孔为通孔，ϕ50 孔为盲孔。

(2)加工工艺分析。工件上要加工的孔的直径有 ϕ36、ϕ50 两种，故需要分别使用两支镗刀进行精加工。合理选择切削用量，刀具卡和工序卡分别见表 9-5-2 和表 9-5-3。

▼表 9-5-2 刀具卡

刀具号	刀具名称	刀具规格	刀具材料
T1	镗刀	ϕ36	硬质合金
T2	镗刀	ϕ50	硬质合金

▼ 表 9-5-3　工序卡

工步	工步内容	刀具号	主轴转速 /(r·min^{-1})	进给量 /(mm·min^{-1})	切削深度 /mm	切削余量 /mm
1	精镗 ϕ36 孔	T1	1 200	60		
2	精镗 ϕ50 孔	T2	600	60		

(3)基点计算。（略）

(4)编写程序单。

(5)输入程序单。

(6)模拟、加工、检验。

3. 参考程序

程序内容	程序说明
O0001;	程序号
N10　G90 G54 G40 G17 G69 G80;	程序初始化
N20　M06 T01;	换 1 号刀，镗刀 ϕ36
N30　G00 G43 H1 Z100;	执行 1 号长度补偿，Z 轴快速定位
N40　M03 S1200;	主轴正转，转速 1 200 r/min
N50　M08;	开冷却液
N60　G90 G76 X0 Y0 Z-27 R5 F60;	镗孔
N70　G80;	取消钻孔循环
N80　M09;	关闭冷却液
N90　M05;	主轴停转
N100　G91 G28 Z0;	Z 轴返回参考点
N110　M06 T02;	换 2 号刀，镗刀 ϕ50
N120　G00 G43 H2 Z100;	执行 2 号长度补偿，Z 轴快速定位
N130　M03 S600;	主轴正转，转速 600 r/min
N140　M08;	开冷却液
N150　G90 G87 X0 Y0 Z5 R-12 F60;	镗孔
N160　G80;	取消钻孔循环
N170　M09;	关闭冷却液
N180　M05;	主轴停转
N190　G91 G28 Z0;	Z 轴返回参考点
N200　M30;	程序结束

4. 注意事项

单件加工过程中，造成镗孔尺寸不正确的主要原因是操作者对镗刀的调整不正确。常见的镗孔精度及误差产生原因见表 9-5-4。

▼ 表 9-5-4 镗孔精度及误差产生原因

出现问题	产生原因
表面粗糙度质量差	镗刀刀尖角或刀尖圆弧太小
	进给量过大或切削液使用不当
	工件装夹不牢固，加工过程中工件松动或振动
	镗刀刀杆刚度差，加工过程中产生振动
	精加工时采用不合适的镗孔固定循环，进退刀时划伤工件表面
孔径超差或孔呈锥形	镗刀回转半径调整不当，与所加工孔直径不符
	测量不正确
	镗刀在加工过程中磨损
	镗刀刚度不足，镗刀偏让
	镗刀刀头锁紧不牢固
孔轴线与基准面不垂直	工件装夹与找正不正确
	工件定位基准选择不当

四、任务评价

项目	评分要素	配分	评分标准	检测结果	得分
编程 （20分）	加工工艺路线制订	5	加工工艺路线制订正确		
	刀具及切削用量选择	5	刀具及切削用量选择合理		
	程序编写正确性	10	程序编写正确、规范		
操作 （30分）	手动操作	10	对刀操作不正确扣5分		
	自动运行	10	程序选择错误扣5分 启动操作不正确扣5分 F、S调整不正确扣2分		
	参数设置	10	零点偏置设定不正确扣5分 刀补设定不正确扣5分		
工件质量 （30分）	形状	10	有一处过切扣2分 有一处残余余量扣2分		
	尺寸	16	每超0.02 mm扣2分		
	表面粗糙度	4	每降一级扣1分		
工量刃具的 使用与维护 （10分）	常用工量刃具的使用	10	使用不当每次扣2分		

续表

项目	评分要素	配分	评分标准	检测结果	得分
安全文明生产(10分)	正确执行安全技术操作规程，按企业有关的文明生产规定，做到工作地整洁，工件、工具摆放整齐	10	严格执行制度、规定者满分，执行差者酌情扣分		
综合评价					

五、相关资讯

镗刀的种类很多，按切削刃数量可分为单刃镗刀、双刃镗刀等。

(1)单刃镗刀头结构类似车刀，如图9-5-6所示，用螺钉装夹在镗杆上，紧固螺钉起锁紧作用，调节螺钉用于调整尺寸。单刃镗刀刚度差，切削时容易引起振动，因此镗刀的主偏角选得较大，以减小径向力。在镗铸铁孔或精镗时，一般取 $K_r=90°$；粗镗钢件孔时，取 $K_r=60°\sim 75°$，以提高刀具寿命。

应用通孔镗刀、盲孔镗刀、阶梯孔镗刀镗孔，如图9-5-6(a)、(b)、(c)所示，所镗孔径的大小要靠调整刀具的悬伸长度来保证，调整较为麻烦，生产效率低，但结构简单，广泛用于单件、小批量零件生产。

如图9-5-6(d)所示，微调镗刀的径向尺寸可以通过带刻度盘的调整螺母，在一定范围内进行微调，因而加工精度高，广泛应用于孔的精镗。

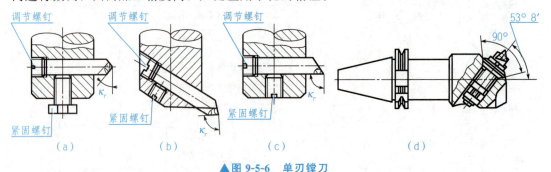

▲图 9-5-6 单刃镗刀

(a)通孔镗刀；(b)盲孔镗刀；(c)阶梯孔镗刀；(d)微调镗刀

(2)双刃镗刀的两端有一对对称的切削刃同时参与切削，如图9-5-7所示。与单刃镗刀相比，这类镗刀每转进给量可提高一倍左右，生产效率高，还可消除切削力引起的镗杆振动，广泛应用于大批零件的生产。

表9-5-5列出了常用镗刀切削用量推荐值。

▲图 9-5-7 双刃镗刀

▼表 9-5-5 镗削用量推荐值

工件材料 工序 切削用量		铸铁		钢		铝及其合金	
		$V/(m \cdot min^{-1})$	$F/(mm \cdot r^{-1})$	$V/(m \cdot min^{-1})$	$F/(mm \cdot r^{-1})$	$V/(m \cdot min^{-1})$	$F/(mm \cdot r^{-1})$
粗镗	高速钢	20~50	0.4~0.5	15~30	0.35~0.7	100~150	0.5~1.5
	硬质合金	30~35		50~70		100~250	
半精镗	高速钢	20~35	0.15~0.45	15~50	0.15~0.45	100~200	0.2~0.5
	硬质合金	50~70		90~130			
精镗	高速钢	20~35	0.08				
	硬质合金	70~90	0.12~0.15	100~135	0.12~0.15	150~400	0.06~0.1

六、练习与提高

加工如图 9-5-8 所示的零件孔,试编写加工程序。

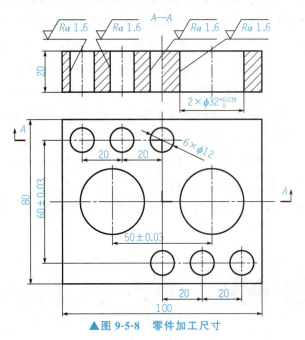

▲图 9-5-8 零件加工尺寸

项目十 参数编程加工

崔克诚：数控达人的追梦赤子心

一、任务目标

- 掌握变量的概念及运算。
- 掌握宏程序的结构及类型。
- 掌握简单零件的宏程序编制。
- 激发学生的编程热情。

二、任务资讯

(1)宏程序的含义。以一组子程序的形式存储并带有变量的程序称为用户宏程序,简称宏程序;调用宏程序的指令称为"用户宏程序指令",或宏程序调用指令(简称宏指令)。宏程序与普通程序相比较,普通的程序为常量,一个程序只能描述一个几何形状,所以缺乏灵活性和适用性。而在用户宏程序的本体中,可以使用变量进行编程,还可以用宏指令对这些变量进行赋值、运算等处理。通过使用宏程序能执行一些有规律变化的动作。FANUC—0i 数控系统的宏程序有 A 类和 B 类两种。A 类主要用代码实现;B 类不需要代码,相对 A 类而言比较直观,便于理解。本项目主要讲解 B 类宏程序。

(2)变量。宏程序中的变量在常规的主程序和子程序内,总是将一个具体的数值赋给一个地址,为了使程序更加具有通用性、灵活性,故在宏程序中设置了变量。

(3)变量的表示。变量用变量符号"♯"和后面的变量号指定,例如♯100。表达式也可以用来指定变量号。此时,表达式必须封闭在括号中。例如:♯[♯1+♯2-12]。

(4)变量的类型及功能。变量共有 4 种类型,各种变量的范围和功能见表 10-1(FANUC 数控系统)。

▼表 10-1 变量的类型及其功能

变量类型	变量号	功　能
空变量	♯0	该变量总是空,没有值能赋给该变量
局部变量	♯1～♯33	用在宏程序中存储数据

续表

变量类型	变量号	功能
公共变量	♯100～♯199	断电时初始化为空
	♯500～♯999	断电后数据保存，不丢失
系统变量	♯1000～♯5335	用于读写CNC的各种数据，如刀具当前位置、补偿值等

(5) 变量值的范围。局部变量和公共变量可以有 0 值或下面范围中的值：-10^{47}～-10^{29} 或 10^{29}～10^{47}。

(6) 变量的赋值。在程序中若对局部变量进行赋值时，可以通过自变量地址，对局部变量进行传递。有两种形式的自变量赋值方法。自变量赋值形式 I 使用了除 G、L、O、N 和 P 以外的字母，每个字母对应一个局部变量。对应关系见表 10-2。

▼ 表 10-2　变量的赋值（对应）关系 I

自变量	局部变量	自变量	局部变量	自变量	局部变量	自变量	局部变量
A	♯1	H	♯11	R	♯18	X	♯24
B	♯2	I	♯4	S	♯19	Y	♯25
C	♯3	J	♯5	T	♯20	Z	♯26
D	♯7	K	♯6	U	♯21		
E	♯8	M	♯13	V	♯22		
F	♯9	Q	♯17	W	♯23		

自变量形式 II 使用 A、B 和 C 各 1 次和 I、J、K 各 10 次对局部变量赋值。自变量 II 用于传递诸如三维坐标值的变量。对应关系见表 10-3。

▼ 表 10-3　变量的赋值（对应）关系 II

自变量	局部变量	自变量	局部变量	自变量	局部变量	自变量	局部变量
A	♯1	I_3	♯10	I_6	♯19	I_9	♯28
B	♯2	J_3	♯11	J_6	♯20	J_9	♯29
C	♯3	K_3	♯12	K_6	♯21	K_9	♯31
I_1	♯4	I_4	♯13	I_7	♯22	I_{10}	♯31
J_1	♯5	J_4	♯14	J_7	♯23	J_{10}	♯32
K_1	♯6	K_4	♯15	K_7	♯24	K_{10}	♯33
I_2	♯7	I_5	♯16	I_8	♯25		
J_2	♯8	J_5	♯17	J_8	♯26		
K_2	♯9	K_5	♯18	K_8	K_8		

(7) 变量的运算。在利用变量进行编程时，变量之间可以进行算术运算和逻辑运算。

以 FANUC—0i 数控系统为例，其算术运算的功能和格式见表 10-4，具体请参阅相应数控系统的编程手册。

▼ 表 10-4 算术运算的功能和格式

功　能	格　式	备　注
赋　值	#i=#j	
加　法	#i=#j+#k	
减　法	#i=#j−#k	
乘　法	#i=#j*#k	
除　法	#i=#j/#k	
正　弦	#i=SIN[#j]	单位：度
余　弦	#i=COS[#j]	单位：度
正　切	#i=TAN[#j]	单位：度
反正切	#i=ATAN[#j]/[#k]	单位：度
反正弦	#i=ASIN[#j]	单位：度
反余弦	#i=ACOS[#j]	单位：度
平方根	#i=SQRT[#j]	
绝对值	#i=ABS[#j]	
舍　入	#i=ROUND[#j]	
上取整	#i=FIX[#j]	
下取整	#i=FUP[#j]	
自然对数	#i=LN[#j]	
指数函数	#i=EXP[#j]	
或	#i=#j OR #k	逻辑运算一位一位地按二进制数执行
异或	#i=#j XOR #k	
与	#i=#j AND #k	
从 BCD 转为 BIN	#i=BIN[#j]	用于与 PMC 的信号交换
从 BIN 转为 BCD	#i=BCD[#j]	

逻辑运算的运算符和含义见表 10-5。

▼ 表 10-5 逻辑运算符和含义

运算符	含　义	运算符	含　义
EQ	等于（=）	GE	大于或等于（≥）
NE	不等于（≠）	LT	小于（<）
GT	大于（>）	LE	小于或等于（≤）

(8)关于变量运算的几点说明：

①上取整和下取整：CNC处理数值运算时，若操作后产生的整数绝对值大于原数的绝对值，为上取整；反之为下取整。如：♯1=1.2，♯2=－1.2，当执行♯3=FUP[♯1]时，♯3=2；♯3=FIX[♯1]时，♯3=1；♯4=FUP[♯2]时，♯4=－2；♯4=FIX[♯2]时，♯4=－1。

②混合运算时的运算顺序：与一般数学上的定义基本一致。如：♯6=COS[[[♯5＋♯4]＊♯3＋♯2]＊♯1]；（最多[ ]可以嵌套五级）。

③赋值与变量：赋值是将数据赋予一个变量。如♯1=0，表示♯1的值是0，"="为赋值号。

④赋值的规律：赋值号"="两边内容不能随意互换，左边只能是变量，右边可以是表达式、数值或变量；一个赋值语句只能给一个变量赋值；可以多次给一个变量赋值，新变量值将取代原变量（最后赋的值生效）；赋值语句具有运算功能，它的一般形式为：变量=表达式。赋值运算中，表达式可以是变量自身与其他数据的运算结果，如♯1=♯1+1表示♯1的值为♯1+1。需要强调："♯1=♯1+1"形式的表达式可以说是宏程序运行的"原动力"。任何宏程序几乎都离不开这种类型的赋值运算。

(9)程序控制指令。宏程序为实现其编程灵活的功能，具有以下几种控制指令。

①无条件转移指令：程序段若实现无条件转移功能，可以通过 GOTO n 语句，当程序执行到此条语句时，将转移到标有顺序号 n 的程序段，n 的取值范围为 1～99 999 的顺序号。例如：GOTO 10，表示转移到语句标号10的程序段；GOTO ♯10，表示转移到10号变量指定的程序段。

②条件转移指令：条件转移指令的语句格式为：

IF [条件表达式] GOTO n

如果指定的条件表达式满足时，转移到标有顺序号 n 的程序段；如果指定的条件表达式不满足时，则执行下一个程序段。

③循环指令：循环指令的语句格式如下，

WHILE [条件表达式] DO m；

…

END m；

当指定条件满足时，执行从 DO m 到 END m 之间的程序，否则，转到 END m 后的程序段。采用循环指令有以下几点说明：

①$m=1,2,3$，可以多次使用，最多嵌套3层。

②省略 WHILE，则产生从 DO 到 END 的无限循环。

③WHILE 比 GOTO 处理速度快。

(10)宏程序的调用。

①非模态调用（G65）。在主程序中用 G65 指令可以实现子程序的非模态调用，调用格式如下：

G65 P×× L×× （自变量指定）

其中，P××指要调用的子程序号；L××为调用次数，默认值为1；自变量为主程序中传输到宏程序中的数据。宏程序调用G65不同于子程序调用M98，用G65可以指定自变量数据传送到宏程序，M98没有该功能；当M98程序段包含另一个NC指令（例如：G01 X100 M98 P_P）时，在指令执行之后调用子程序，相反G65为无条件地调用宏程序；M98程序段包含另一个NC指令（例如：G01 X100 M98 P_P）时，在单程序段方式中机床停止，相反G65机床不停止；用G65改变局部变量的级别，而用M98不改变局部变量的级别。

②模态调用（G66、G67）。调用格式如下：

G66 P××L×× （自变量指定）

其中，P××指要调用的子程序号；L××指调用次数，默认值为1；自变量指定是指主程序中输到宏程序中的数据；G67为取消模态调用。使用G66格式要注意G66程序段中，不能调用多个程序段；G66必须在自变量之前指定；指定G67代码时，其后面的程序段不再执行模态宏程序调用。

③宏程序的结构。宏程序可以分为"主程序"及被调用的"宏程序"。宏程序本体中，可以用普遍NC指令、采用变量的NC指令、计算指令和转移指令等。以字母O后的程序号开始，用M99结束。

例：O100;

...

G65 P1234 L12 A1.0 B2.0;

...

M30;

O1234;

#3=#1+#2;

IF[#3GE180]GOTO 99;

G00 G91 X#3;

M99;

有时为了方便宏程序的表达，很多情况可采用"一体化"的程序构成，即没有"主程序"及被调用的"宏程序"之分，而是在一个可以独立运行的完整的宏程序中完成所有的动作及指令，包括对各变量赋值等。这种结构的优点是思路相对简单，不易分散混乱；缺点是在同一个程序中包含对变量的赋值，会使宏程序的"标准化"程度有所降低，特别在使用加工中心进行大批量、连续生产的情形下，加工参数的调整和程序调用等方面没那么方便（需要直接进入程序内部修改加工参数，而不是仅需在主程序中修改加工参数，也不是仅需在主程序中修改个变量的赋值）。

例：O101　　　　　　　　　　（铣孔加工）

G17 G40 G49 G69 G80 G90 G54

```
T2                              (φ16立铣刀)
S800 M03
G43 H1 Z30
G00 X0 Y0
#1=25                           (孔直径)
#2=10                           (孔深)
#3=16                           (刀具直径)
#4=0                            (Z坐标赋值)
#17=2(每层切深)
#5=[#1-#3]/2                    (刀具中心的回转半径)
G00 X#5                         (G00移动到起始点上方)
Z[-#4+3]
G01 Z-#4 F200
WHILE L[#4 LT #2] DO 1
#4=#4+#17
G03 I-#5 Z-#4 F300
END 1
G03 I-#5                        (到达圆孔深度此时#4=#2逆时针走整圆)
G01 X[#5-1]                     (G1向中心回退1)
G00 Z30
M30
```

三、任务实施

(一)椭圆槽加工

任务图纸如图 10-1 所示,选用合适的刀具加工如图 10-1 所示的零件,毛坯尺寸为 90 mm×90 mm×20 mm,加工深度为 2 mm,完成椭圆槽切削加工。

1. 加工准备

(1)详细阅读零件图,并按照图纸检查坯料的尺寸。
(2)编制加工程序,输入程序并选择该程序。
(3)用平口虎钳装夹工件,伸出钳口 8 mm 左右,用百分表找正。
(4)安装寻边器,确定工件零点为坯料上表面的中心,设定可选工件坐标系。
(5)选择合适的铣刀并对刀,设定加工相关参数,选择自动加工方式加工零件。

项目十 参数编程加工

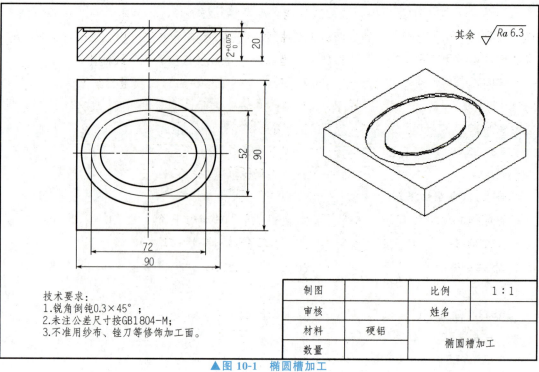

▲图 10-1 椭圆槽加工

2. 工艺分析及处理

（1）零件图样分析。该零件要求在毛坯为 90 mm×90 mm×20 mm 的长方体铝块上加工一个椭圆槽。材料为硬铝，加工性能较好。精度要求一般，可以靠铣刀的直径保证槽的宽度。由于加工深度较浅，采用直接下刀方式下刀。

（2）加工工艺分析。

①加工机床的选择：零件毛坯较小，选择 VM600 数控铣床加工该零件。

②根据图纸要求选择合适的刀具及切削用量（S、F、a_p）；确定零件的加工路线，刀具卡表见表 10-6，工序卡表见表 10-7。

▼表 10-6 刀具卡

刀具号	刀具名称	刀具规格	刀具材料
T1	面铣刀	$\phi 100$	涂层刀片
T2	键槽铣刀	$\phi 12$	高速钢

▼表 10-7 工序卡

工步	工步内容	刀具号	主轴转速 /(r·min^{-1})	进给量 /(mm·min^{-1})	切削深度 /mm	切削余量 /mm
1	铣削上表面	T1	700	100	0.5	0
2	铣削椭圆槽	T2	800	150	2	0

(3)数学处理。由于数控系统一般只能实现直线和圆弧插补。而本零件的椭圆槽为平面非圆曲线，对于此类曲线如椭圆、正弦曲线、抛物线等轮廓一般采用直线逼近被加工轮廓的方法，通过公式计算各直线段的终点坐标，最后用G指令完成直线插补。

该椭圆的参数方程为 $X=36\times\cos\theta$，$Y=26\times\sin\theta$，θ 为角度变量，变化范围为 $0°\sim360°$，每次变化 $1°$，通过参数方程计算线段终点坐标，用 G01 指令进行直线插补，完成椭圆轮廓的走刀。下刀点为(36，0)，不采用刀具半径补偿。

3. 参考程序(铣平面程序略)

程序内容	程序说明
O102	=＞程序号
G17 G40 G49 G69 G80 G90 G54	=＞程序初始化
S800 M03	=＞刀具正转，转速为 800 r/min
G00 G43 H1 Z50	=＞建立长度补偿
X36 Y0	=＞刀具平面定位点
Z5	=＞到工件上表面 5 mm 处
G01 Z-2 F80	=＞Z 向下刀深度
#1=0	=＞设定角度变量初始值
#2=6	=＞刀具半径赋值
#5=36	=＞椭圆 X 向半轴值
#6=26	=＞椭圆 Y 向半轴值
WHILE[#1 LE 360]DO 1	=＞进入循环语句
#3=#5*COS[#1]	=＞计算某一节点 X 坐标值
#4=#6*SIN[#1]	=＞计算某一节点 Y 坐标值
G01 X#3 Y#4 F150	=＞刀具作直线插补
#1=#1+1	=＞变量作增量变化
END1	=＞循环结束标志
G00 Z100	=＞快速抬刀至工件上方
M30	=＞主轴停止程序结束

4. 注意事项

(1)使用寻边器确定工件零点时应采用对边分中法。
(2)应根据加工情况随时调整进给开关和主轴转速倍率开关。
(3)键槽铣刀的垂直进给量不能太大，为平面进给量的 $1/3\sim1/2$。

(二)含正弦曲线外轮廓加工

任务图纸如图 10-2 所示，选用合适的刀具加工如图 10-2 所示的零件，毛坯尺寸为 90 mm×90 mm×20 mm，加工深度为 2 mm，完成正弦曲线的切削加工。

项目十 参数编程加工

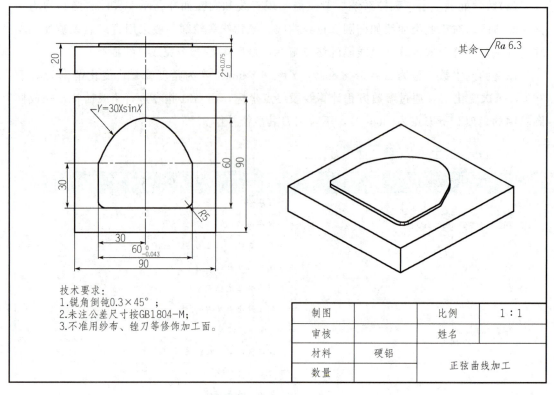

▲图10-2 正弦曲线加工

1. 加工准备

（1）详细阅读零件图，并按照图纸检查坯料的尺寸。

（2）编制加工程序，输入程序并选择该程序。

（3）用平口虎钳装夹工件，伸出钳口8 mm左右，用百分表找正。

（4）安装寻边器，确定工件零点为坯料上表面的中心，设定可选择工件坐标系。

（5）选择合适的铣刀并对刀，设定加工相关参数，选择自动加工方式加工零件。

2. 工艺分析及处理

（1）零件图样分析。该零件要求在毛坯为90 mm×90 mm×20 mm的长方体铝块上加工图示外形轮廓。材料为硬铝，加工性能较好。图中有一段半个周期的正弦曲线，采用直线逼近的方法加工该曲线。

（2）加工工艺分析。

①工机床的选择：零件毛坯较小，选择VM600数控铣床加工该零件。

②根据图纸要求选择合适的刀具及切削用量（S、F、a_p）；确定零件的加工路线，刀具卡见表10-8，工序卡表见表10-9。

▼ 表 10-8　刀具卡

刀具号	刀具名称	刀具规格	刀具材料
T1	面铣刀	$\phi100$	涂层刀片
T2	立铣刀	$\phi16$	高速钢

▼ 表 10-9　工序卡

工步	工步内容	刀具号	主轴转速 /(r·min^{-1})	进给量 /(mm·min^{-1})	切削深度 /mm	切削余量 /mm
1	铣削上表面	T1	700	100	0.5	0
2	铣削外形轮廓	T2	800	150	2	0

(3) 数学处理。由于数控系统一般只能实现直线和圆弧插补。而本零件的正弦曲线为平面非圆曲线，对于该曲线轮廓一般采用直线逼近被加工轮廓的方法，通过公式计算各直线段的终点坐标，最后用 G 指令完成直线插补。

该椭圆的参数方程为 $Y=30\times\sin(X)$，正弦曲线的幅值为 30，最小正半周期 180°所对应的长度为 60 mm，编写正弦曲线轮廓段程序时将半个周期 180°平均分成 180 份，每份在 X 轴上投影的长度为 60/180。设变量 #1 为当前角度，变化范围从 0°～180°。设变量 #2 为当前 Y 坐标，#2=30 * SIN[#1]。#3 为对应变量 #1 在 X 轴上投影长度，#3=60/180 * #1。通过方程计算线段终点坐标，用 G01 指令进行直线插补，完成正弦曲线轮廓的走刀。下刀点为(-60，-60)，采用刀具半径补偿。

3. 参考程序(铣平面程序略)

程序内容	程序说明
O103	=>程序号
G17 G40 G49 G69 G80 G90 G54	=>程序初始化
S800 M03	=>刀具正转，转速为 800 r/min
G00 G43 H1 Z50	=>建立长度补偿
X-60 Y-60	=>刀具平面定位点
Z5	=>到工件上表面 5 mm 处
G01 Z-2 F80	=>Z 向下刀深度
G41 G01 X-30 D1	=>建立刀具半径补偿
Y0	=>运行到 Y0 处
#1=0	=>设定角度变量初始值
N10 #2=30*SIN[#1]	=>计算正弦曲线当前点的 Y 坐标
#3=60/180*#1-30	=>计算正弦曲线当前点的 X 坐标
G01 X#3 Y#2 F150	=>刀具作直线插补
#1=#1+1	=>变量作增量变化

续表

程序内容	程序说明
IF［#1 LE 180］GOTO 10	=＞终点判别
Y-30 R5	=＞直线插补并倒圆
X-30 R5	=＞直线插补并倒圆
G91 G03 X-10 Y10 R10	=＞圆弧切出
G90 G40 G00 X-60 Y-60	=＞撤销刀具半径补偿
G00 Z100	=＞快速抬刀至工件上方
M30	=＞主轴停止程序结束

4. 注意事项

(1)使用寻边器确定工件零点时应采用对边分中法。

(2)应根据加工情况随时调整进给开关和主轴转速倍率开关。

(三)半球体加工

任务图纸如图 10-3 所示，选用合适的刀具加工如图 10-3 所示的零件，毛坯尺寸为 90 mm×90 mm×20 mm，完成半球体的切削加工。本例毛坯尺寸较大，而加工球体直径较小，在实际加工时可以先做从大到小不同直径的圆柱体加工，最后加工半球体从而节省材料。

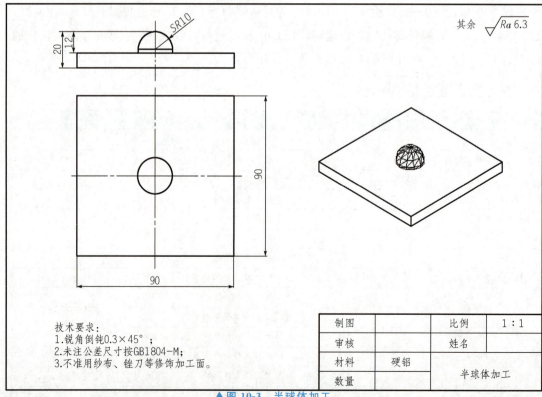

▲图 10-3 半球体加工

1. 加工准备

(1)详细阅读零件图,并按照图纸检查坯料的尺寸。
(2)编制加工程序,输入程序并选择该程序。
(3)用平口虎钳装夹工件,伸出钳口 13 mm 左右,用百分表找正。
(4)安装寻边器,确定工件零点为坯料上表面的中心,设定可选择工件坐标系。
(5)选择合适的铣刀并对刀,设定加工相关参数,选择自动加工方式加工零件。

2. 工艺分析及处理

(1)零件图样分析。该零件要求在毛坯为 90 mm×90 mm×20 mm 的长方体铝块上加工半球体。材料为硬铝,加工性能较好。球的半径为 10 mm。

(2)加工工艺分析。

①加工机床的选择:零件毛坯较小,选择 VM600 数控铣床加工该零件。

②根据图纸要求选择合适的刀具及切削用量(S、F、a_p);确定零件的加工路线,刀具卡表见表 10-10,工序卡表见表 10-11。

▼表 10-10 刀具卡

刀具号	刀具名称	刀具规格	刀具材料
T1	面铣刀	ϕ100	涂层刀片
T2	立铣刀	ϕ16	高速钢

▼表 10-11 工序卡

工步	工步内容	刀具号	主轴转速 /(r·min^{-1})	进给量 /(mm·min^{-1})	切削深度 /mm	切削余量 /mm
1	铣削上表面	T1	700	100	0.5	0
2	铣削直径 20 的圆柱体	T2	800	150	12	0
3	铣削半球体	T2	800	300	10	0

(3)数学处理。加工本例半球体,可以用若干个平行于 XY 平面的平面簇与半球相切割,切割所得的交线在 XY 平面的投影为一系列直径不相等的圆,而圆的加工用 G02 或 G03 就可以完成。切割面的位置通过角度 θ 来控制,设 θ 角度变量为#1,初始值为 0°,终止角为#2,角度为 90°,球的半径为#3,刀具半径为#7,对应 θ 角刀具实际刀位点(刀具底部中心点)的 X 坐标为#5,Y 坐标为 0,Z 坐标为#6,根据三角函数关系,可以得出刀位点的 X 坐标和 Z 坐标分别为#5=#3*COS[#1]+#7,#6=#3*SIN[#1]−#3。

本例采用 G65 指令调用宏程序，自变量赋值 A0 表示♯1＝0 为初始角，B90 表示♯2＝90为终止角，C10 表示♯3＝10 为球体半径，D8 表示♯7＝8 表示刀具半径。不采用刀具半径补偿。利用 G65 指令调用宏程序，当零件尺寸数据发生变化，例如本例半球体的半径或刀具半径发生变化，只要在主程序里直接修改♯3 和♯7 的赋值，而不需要修改宏程序，使用起来相对比较方便。

3. 参考程序（铣平面及铣圆柱体程序略）

程序内容	程序说明
O104	＝＞程序号
G17 G40 G49 G69 G80 G90 G54	＝＞程序初始化
S800 M03	＝＞刀具正转，转速为 800 r/min
G00 G43 H1 Z50	＝＞建立长度补偿
X60 Y0	＝＞刀具平面定位点
Z5	＝＞到工件上表面 5 mm 处
G65 P105 A0 B90 C10 D8	＝＞非模态调用宏程序自变量赋值
G00 Z100	＝＞快速抬刀至工件上方
M30	＝＞主轴停止程序结束
O105	
N10 ♯5=♯3*COS［♯1］+♯7	＝＞计算当前刀心位置的 X 坐标
♯6=♯3*SIN［♯1］-♯3	＝＞计算当前刀心位置的 Z 坐标
G01 Z♯6 F150	＝＞刀具 Z 向定位
X♯5 Y0	＝＞刀具平面定位
G02 I-♯5	＝＞刀具走整圆
♯1=♯1+1	＝＞变量作增量变化
IF［♯1 LE ♯2］GOTO 10	＝＞终点判别
M99	＝＞宏程序结束

4. 注意事项

（1）使用寻边器确定工件零点时应采用对边分中法。

（2）应根据加工情况随时调整进给开关和主轴转速倍率开关。

（四）轮廓倒角加工

任务图纸如图 10-4 所示，选用合适的刀具加工如图 10-4 所示的零件，毛坯尺寸为 90 mm×90 mm×20 mm，完成轮廓倒角的切削加工。

1. 加工准备

（1）详细阅读零件图，并按照图纸检查坯料的尺寸。

（2）编制加工程序，输入程序并选择该程序。

(3)用平口虎钳装夹工件,伸出钳口8 mm左右,用百分表找正。

(4)安装寻边器,确定工件零点为坯料上表面的中心,设定可选择工件坐标系。

(5)选择合适的铣刀并对刀,设定加工相关参数,选择自动加工方式加工零件。

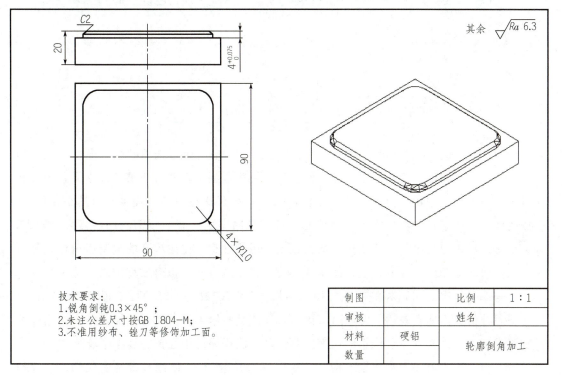

▲图10-4 轮廓倒角加工

2. 工艺分析及处理

(1)零件图样分析。该零件要求在毛坯为90 mm×90 mm×20 mm的长方体铝块上加工图示轮廓。材料为硬铝,加工性能较好。在图示轮廓上进行C2倒角加工。

(2)加工工艺分析。

①加工机床的选择:零件毛坯较小,选择VM600数控铣床加工该零件。

②根据图纸要求选择合适的刀具及切削用量(S、F、a_p);确定零件的加工路线,刀具卡表见表10-12,工序卡表见表10-13。

▼表10-12 刀具卡

刀具号	刀具名称	刀具规格	刀具材料
T1	面铣刀	$\phi 100$	涂层刀片
T2	立铣刀	$\phi 12$	高速钢

▼ 表10-13 工序卡

工步	工步内容	刀具号	主轴转速 /(r·min)	进给量 /(mm·min^{-1})	切削深度 /mm	切削余量 /mm
1	铣削上表面	T1	700	100	0.5	0
2	铣削80×80的外形	T2	800	150	4	0
3	倒角C2	T2	800	300	2	0

(3)数学处理。轮廓倒角一般有三种加工方法，一是用成型铣刀铣削，简单方便，但是同一把成型刀只能用于相同尺寸的工件倒角，使用范围窄，并且成型刀成本高，因此在小批量的工件加工中较少使用；二是用CAD/CAM软件进行自动编程生成刀具路径加工，生成的加工程序很长，要求用户掌握相关CAD/CAM软件，而且受刀具的因素影响较大，如果加工过程中刀具半径有所变化，那么必须利用软件重新完成程序的编制后再传输至机床加工，效率会相应地降低；三是使用球头铣刀或立铣刀逐层拟合成型加工，通过找出刀具中心与编程轮廓之间距离的变化规律，利用FANUC数控系统的可编程参数设定指令G10把刀补值使用变量表达，将不断变化的刀补值赋值给半径补偿存储器，结合宏指令编写加工程序，从而实现棱边倒角的加工。第三种方法程序通用性较强且程序较简洁。

G10指令称为可编程参数设定指令，在程序中，用H或D地址指定的代码，从存储器中选择刀具补偿值，该值用于刀具长度补偿、刀具半径补偿或刀具偏置，G10指令的格式取决于使用的刀具补偿存储器，见表10-14。

▼ 表10-14 刀具补偿存储器和刀具补偿值的设置范围

具补偿存储器的种类	指令格式
H代码的几何补偿值	G10 L10 P_ R_
D代码的几何补偿值	G10 L12 P_ R_
H代码的磨损补偿值	G10 L11 P_ R_
D代码的磨损补偿值	G10 L13 P_ R_

表10-14中指令格式中的P指刀具补偿号，R表示刀具补偿值，当采用增量值指令方式时R表示刀具补偿值与指定的刀具补偿号内的值相加之和。本例编程轮廓为一个80 mm×80 mm的圆角正方形，刀具从倒角底部Z-2处开始加工，此时刀具中心与编程轮廓的距离为实际刀具半径6 mm，然后Z方向按0.1的步距逐步上抬，刀具中心与编程轮廓的距离按公式♯4−[2−♯8*TAN[♯7]]变化，通过G10指令调用半径补偿变量，最后到倒角顶部Z0处时，刀具中心与编程轮廓的距离变为4 mm，采用刀具半径补偿编程。

3. 参考程序(铣平面及铣外形程序略)

程序内容	程序说明
O105	=＞程序号
G17 G40 G49 G69 G80 G90 G54	=＞程序初始化
S800 M03	=＞刀具正转,转速为 800 r/min
G00 G43 H1 Z50	=＞建立长度补偿
X-55 Y55	=＞刀具平面定位点
Z5	=＞到工件上表面 5 mm 处
#1=-2	=＞倒角底部 Z 坐标
#2=0	=＞倒角顶部 Z 坐标
#3=0.1	=＞Z 向每次上抬步距
#4=6	=＞刀具半径
#7=45	=＞倒角角度
#8=2	=＞计算高度
N10 #9=#4-[2-#8*TAN[#7]]	=＞当前高度的半径补偿值
G01 Z#1 F300	=＞Z 向下刀
G10 L12 P1 R#9	=＞可编程参数输入
G41 G01 Y40 D1	=＞建立刀具半径补偿
X40 R10	=＞轮廓加工
Y-40 R10	=＞轮廓加工
X-40 R10	=＞轮廓加工
Y40 R10	=＞轮廓加工
G01 X-28	=＞轮廓加工
G40 G01 X-55 Y55	=＞撤消刀具半径补偿
#1=#1+#3	=＞增量变化
#8=#8-#3	=＞增量变化
IF [#1 LE #2] GOTO 10	=＞终点判别
G00 Z100	=＞快速抬刀至工件上方
M30	=＞程序结束

4. 注意事项

(1)使用寻边器确定工件零点时应采用对边分中法。

(2)应根据加工情况随时调整进给开关和主轴转速倍率开关。

自动编程：
圆铣削

四、任务评价

项目	评分要素	配分	评分标准	检测结果	得分
编程 （20 分）	加工工艺路线制订	5	加工工艺路线制订正确		
	刀具及切削用量选择	5	刀具及切削用量选择合理		
	程序编写正确性	10	程序编写正确、规范		
操作 （30 分）	手动操作	10	对刀操作不正确扣 5 分		
	自动运行	10	程序选择错误扣 5 分 启动操作不正确扣 5 分 F、S 调整不正确扣 2 分		
	参数设置	10	零点偏置设定不正确扣 5 分 刀补设定不正确扣 5 分		
工件质量 （30 分）	形状	10	有一处过切扣 2 分 有一处残余余量扣 2 分		
	尺寸	16	每超 0.02 mm 扣 2 分		
	表面粗糙度	4	每降一级扣 1 分		
工量刃具的 使用与维护 （10 分）	常用工量刃具的使用	10	使用不当每次扣 2 分		
安全文明生产 （10 分）	正确执行安全技术操作规程，按企业有关的文明生产规定，做到工作地整洁，工件、工具摆放整齐	10	严格执行制度、规定者满分，执行差者酌情扣分		
综合评价					

五、相关资讯

（1）宏程序与普通程序对比。一般定义上讲的数控指令其实是指 ISO 代码指令编程，即每个代码的功能是固定的，使用者只需要按照数控系统规定编程即可。但有时这些指令满足不了用户需要，系统因此提供用户宏程序功能，让用户可对数控系统进行一定的功能扩展。宏程序与普通程序对比见表 10-15。

▼ 表 10-15　用户宏程序与普通程序对比

普通程序	宏程序
只能使用常量	可以使用变量，并变量赋初值
常量之间不可以运算	变量之间可以运算
程序只能顺序执行，不能跳转	程序运行可以跳转

（2）数控编程技术的应用现状。华南地区（珠三角）、华东地区（上海及江浙）是中国制造业高度发达的地区，我国六成以上的数控铣（加工中心）都是应用在模具行业，由于模具加工特殊性，普通的手工编程已无法满足需求，所以 CAD/CAM 软件在相关企业得到广泛的应用，UG、Cimatron、Mastercam 等软件也引入到职业学校的教学中。

（3）宏程序编程的技术特点。宏程序的主要特点可以概括为：简捷，能解决"疑难杂症"，通用性与灵活性较强，适用于机械零件的批量生产。

与 CAD/CAM 软件生成程序的加工性能相比，宏程序比较短小，而 CAD/CAM 软件生成的程序通常都较大，有些系统内存不够大，只能采用 DNC 在线加工，影响加工速度；CAD/CAM 软件计算的刀轨存在一定的弊端，它实质上是在允许的误差值范围内沿每条路径用直线去逼近曲面的过程，当执行真正的整圆或圆弧轨迹时，软件无法智能地判断这是"真正的整圆或圆弧"，生成的程序并不是 G02/G03 指令，而是用 G01 逐点逼近形成的"圆"，而宏程序不存在这个问题。

六、练习与提高

在 90 mm×90 mm×20 mm 的长方体铝块用 φ10 麻花钻加工如图 10-5 所示的孔，深度为通孔，根据给定参数试用宏程序编程。

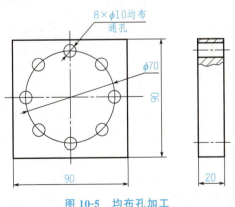

图 10-5　均布孔加工

项目十一

自动编程加工

常晓飞：数控微雕为国保驾护航

◯ 一、任务目标

- 掌握铣加工和自动编程的基本知识。
- 掌握刀具轨迹生成功能和编辑功能的使用方法。
- 掌握铣削自动编程的综合应用技能。

◯ 二、任务资讯

1. 自动编程的含义

自动编程相对于手动编程而言，它是利用计算机专用软件来编制数控加工程序，编程人员只需根据零件图样的要求，使用数控语言，由计算机自动地进行数值计算及后置处理，编写出零件加工程序单，加工程序通过直接通信的方式送入数控机床，指挥机床工作。自动编程使得一些计算烦琐、手工编程困难或无法编出的程序能够顺利地完成。

2. CAXA 制造工程师

CAXA 制造工程师将 CAD 模型与 CAM 加工技术无缝集成，可直接对曲面、实体模型进行一致的加工操作；支持轨迹参数化和批处理功能，明显提高工作效率；支持高速切削，大幅度提高加工效率和加工质量；通用的后置处理可向任何数控系统输出加工代码。

（1）2~3 轴的数控加工功能，支持 4~5 轴加工。2~2.5 轴加工方式：可直接利用零件的轮廓曲线生成加工轨迹指令，而无须建立其三维模型；提供轮廓加工和区域加工功能，加工区域内允许有任意形状和数量的岛。可分别指定加工轮廓和岛的拔模斜度，自动进行分层加工。3 轴加工方式：多样化的加工方式可以安排从粗加工、半精加工到精加工的加工工艺路线。4~5 轴加工模块提供曲线加工、平切面加工、参数线加工、侧刃铣削加工等多种 4~5 轴加工功能。标准模块提供 2~3 轴铣削加工。4~5 轴加工为选配模块。

（2）支持高速加工。本系统支持高速切削工艺，以提高产品精度，降低代码数量，使加工质量和效率大大提高。可设定斜向切入和螺旋切入等接近和切入方式，拐角处可设定圆角过渡，轮廓与轮廓之间可通过圆弧或 S 字形方式来过渡形成光滑连接，从而生成光滑刀具轨迹，有效地满足了高速加工对刀具路径形式的要求。

（3）参数化轨迹编辑和轨迹批处理。CAXA 制造工程师的"轨迹再生成"功能可实现参数化轨迹编辑。用户只需选中已有的数控加工轨迹，修改原定义的加工参数表，即可重新生成加工轨迹。CAXA 制造工程师可以先定义加工轨迹参数，而不立即生成轨迹。工艺设计人员可先将大批加工轨迹参数事先定义而在某一集中时间批量生成。这样，合理地优化了工作时间。

（4）独具特色的加工仿真与代码验证。可直观、精确地对加工过程进行模拟仿真，对代码进行反读校验。仿真过程中可以随意放大、缩小、旋转，便于观察细节，可以调节仿真速度；能显示多道加工轨迹的加工结果。仿真过程中可以检查刀柄干涉、快速移动过程（G00）中的干涉、刀具无切削刃部分的干涉情况，可以将切削残余量用不同颜色区分表示，并把切削仿真结果与零件理论形状进行比较等。

（5）加工工艺控制。CAXA 制造工程师提供了丰富的工艺控制参数，可以方便地控制加工过程，使编程人员的经验得到充分的体现。

（6）通用后置处理。全面支持 SIEMENS、FANUC 等多种主流机床控制系统。CAXA 制造工程师提供的后置处理器，无须生成中间文件就可直接输出 G 代码控制指令。系统不仅可以提供常见的数控系统的后置格式，用户还可以定义专用数控系统的后置处理格式。可生成详细的加工工艺清单，方便 G 代码文件的应用和管理。

3. CAXA 制造工程师实现数控加工的过程

（1）看懂图纸，用曲线、曲面和实体表达工件。
（2）根据工件形状，选择合适的加工方法，生成刀具轨迹。
（3）在"后置设置"中，针对数控系统进行配置。
（4）生成 NC 代码，传递给数控机床的控制系统。

4. 工件坐标系

工件坐标系是编程人员在(手工、自动)编制数控加工程序(即 NC 代码)时，根据零件的特点所确定的坐标系。为编程方便，选择工件坐标系的原点应遵循以下原则：在零件图的尺寸基准上；在对称零件的对称中心上；在不对称零件的某一角点上；在精度较高工件的表面上。

5. 刀具

CAXA 制造工程师主要针对数控铣加工，目前提供三种铣刀，即端面($r=0$)、球刀($r=R$)和 R 刀($r<R$)。其中 R 为刀具的半径，r 为刀角半径。

6. 毛坯

（1）定义毛坯。
①两点方式：是指通过拾取两个角点(与顺序、位置无关)来定义毛坯。
②三点方式：是指通过拾取基准点和两个角点(与顺序、位置无关)来定义毛坯。
③参照模型：是指系统根据工件形状和尺寸，自动计算出工件的包围盒，以此作为毛坯。

（2）起始点。用来定义整个加工开始时刀具的最初移动点和加工结束后刀具的回归点，可通过输入点坐标或者拾取点来设定；起始点的高度应大于安全高度。安全高度是指保证在此高度以上可以快速走刀而不会发生碰撞工件或夹具的高度；安全高度应高于零件的最大高度。

（3）刀具库。用来定义、确定刀具的有关数据，可分为系统刀具和机床刀具库两种类型。

①系统刀具是与机床无关的刀具库,可以把所有要用到的刀具参数都建立在系统刀具库,然后利用这些刀具对各种机床进行编程。

②机床刀具库是与不同机床控制系统相关联的刀具库。当改变机床时,相应的刀具库也会自动切换到与该机床对应的刀具库。这种刀具库可同时对应多个加工中心编程。

三、任务分析

加工如图 11-1 所示的凸台,试用自动编程完成加工程序。

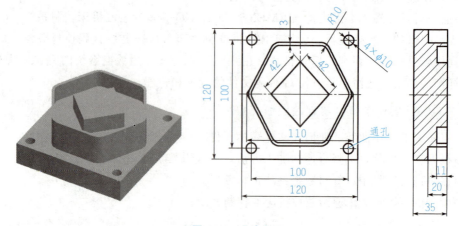

▲图 11-1 凸台加工

（1）分析凸台加工的基本步骤。凸台加工的基本步骤如图 11-2 所示。

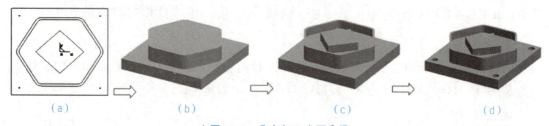

▲图 11-2 凸台加工主要步骤

(a)线框造型；(b)外台加工；(c)凹腔加工；(d)通孔加工

（2）工件坐标原点与装夹。为了与设计基准保持一致,将工件坐标原点选在零件表面中心处；用毛坯底面、侧面定位,虎钳夹紧。

四、任务实施

生产刀具轨迹的具体操作步骤如下：

1. 定义加工毛坯

（1）线框造型。凸台的加工造型为线框造型。应用曲线工具完成凸台加工造型，注意绘出孔的中心位置点，如图11-3所示。

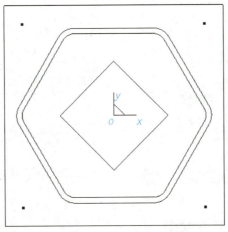

▲图11-3　凸台线框造型

（2）定义毛坯。在生成刀具轨迹之前，系统要求先定义毛坯尺寸。

①在【加工管理】特征树的【毛坯】上单击鼠标右键，在弹出的快捷菜单中选择【定义毛坯】命令，在弹出【定义毛坯】的对话框中，设置各项参数，如图11-4所示。

②设置完毕，单击 确定 按钮，完成毛坯的定义，如图11-5所示。

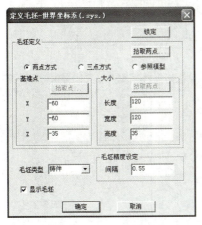

▲图11-4　设置参数

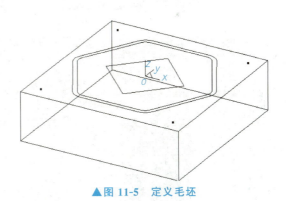

▲图11-5　定义毛坯

2. 轮廓线精加工外台轮廓

（1）设置轮廓线精加工参数，采用轮廓线加工的方法加工外台。单击 按钮，在弹出的【轮廓线精加工】对话框中设置各项参数，应用直径为20 mm的端刀加工，参数设置如图11-6所示。

项目十一 自动编程加工

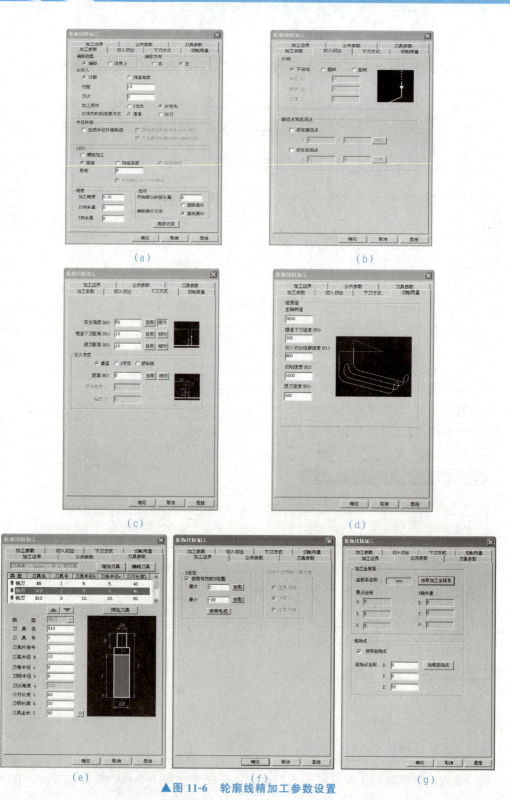

▲图 11-6 轮廓线精加工参数设置

(a)【加工参数】设置；(b)【切入切出】设置；(c)【下刀方式】设置；(d)【切削用量】设置；
(e)【刀具参数】设置；(f)【加工边界】设置；(g)【公共参数】设置

(2)生成轮廓加工刀具轨迹。选择六边形外圈加工轮廓，加工方向为顺时针方向，如图 11-7 所示。选择完毕单击鼠标右键确定，刀具轨迹计算生成，如图 11-8 所示。

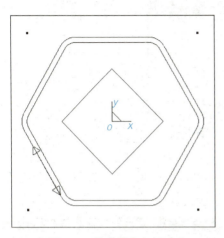

▲ 图 11-7 轮廓线和加工方向

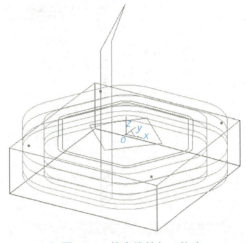

▲ 图 11-8 轮廓线精加工轨迹

(3)刀具轨迹仿真。选择【加工】→【实体仿真】命令，选择已生成的刀具轨迹，进入【CAXA 轨迹仿真】窗口，如图 11-9 所示。

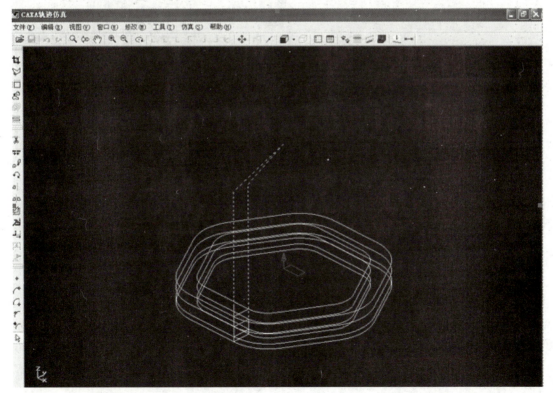

▲ 图 11-9 【CAXA 轨迹仿真】窗口

119

(4)在【CAXA 轨迹仿真】窗口中进行仿真操作。单击 按钮，弹出【仿真加工】对话框，如图 11-10 所示。

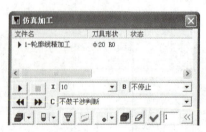

▲图 11-10　【仿真加工】对话框

(5)单击 按钮，轨迹仿真开始，加工结果如图 11-11 所示。关闭【仿真加工】对话框，关闭【CAXA 轨迹仿真】窗口，外台轮廓刀具轨迹设置完成。

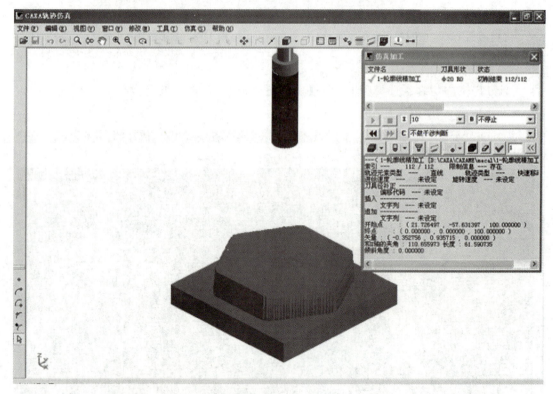

▲图 11-11　加工结果

(6)为了便于后续刀具轨迹的设置，可以用鼠标右键单击特征树中的加工轨迹，在弹出的快捷菜单中选择【隐藏】命令，将轨迹隐藏。

3. 区域式粗加工内腔

(1)设置区域式加工的粗加工参数。采用区域式粗加工的方法加工内腔时，将加工余量设置为"0"，可以完成内腔的精加工，应用直径为"10"的短刀加工。

(2)选择【加工】→【粗加工】→【区域式粗加工】命令，或在【加工工具栏】中单击 按钮，在弹出的对话框中设置各项参数，具体参数设置如图 11-12 所示。

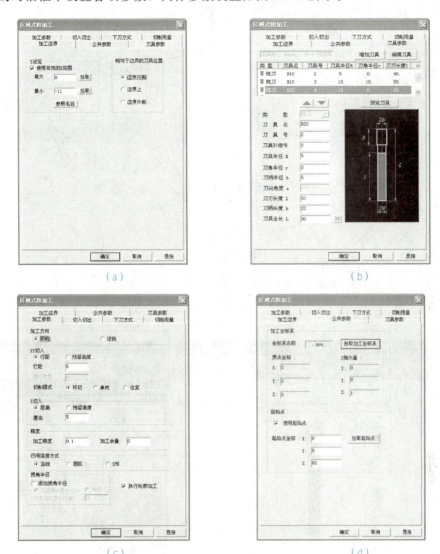

图 11-12 【区域式粗加工】对话框参数设置
(a)【加工参数】设置；(b)【刀具参数】设置；(c)【公共参数】设置；(d)【加工边界】设置

(3)生成轮廓线加工刀具轨迹。选择六边形内圈为加工轮廓，四边形为岛，刀具轨迹完成，如图 11-13 所示。

(4)刀具轨迹仿真。选择【加工】→【实体仿真】命令，选择已生成的刀具轨迹，进入【CAXA 轨迹仿真】窗口。单击 ▶ 按钮，区域粗加工轨迹仿真开始，仿真结果如图 11-14 所示。

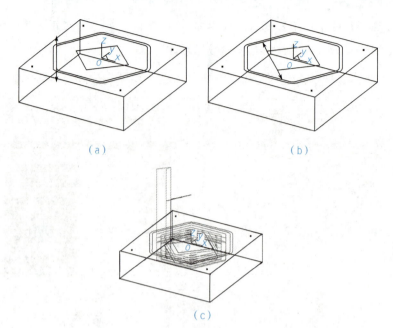

▲图 11-13　选择加工轮廓和岛生成刀具轨迹

(a)选择内轮廓；(b)选择岛；(c)生成刀具轨迹

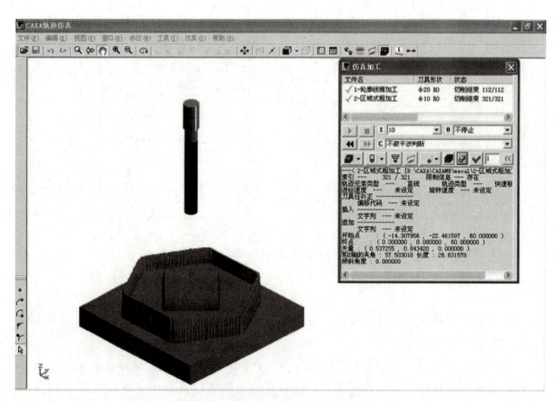

▲图 11-14　区域粗加工轨迹仿真

4. 加工凸台通孔

(1)采用孔加工的方法加工 4 个通孔。选择【加工】→【其他加工】→【孔加工】命令，或在【加工工具栏】中单击 按钮，弹出【孔加工】对话框。在对话框中设置各项参数，应用直径为 10 mm 的钻头加工。为保证通孔，钻孔深度应大于零件厚度，详细参数设置如图 11-15 所示。

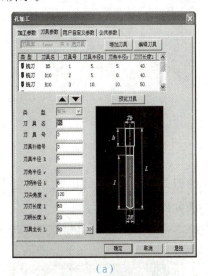

(a)

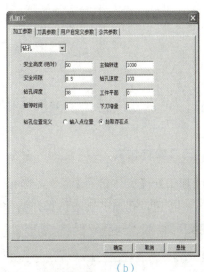

(b)

(c)

▲图 11-15 【孔加工】对话框参数设置

(a)【刀具参数】设置；(b)【加工参数】设置；(c)【公共参数】设置

(2)生成孔加工刀具轨迹。依次选择 4 个孔心点，选择完毕单击鼠标右键确定，刀具轨迹完成，如图 11-16 所示。

项目十一 自动编程加工

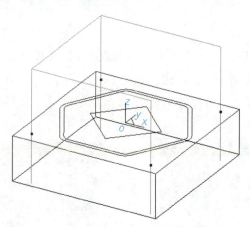

▲图 11-16　生成刀具轨迹

5. 刀具轨迹仿真

选择【加工】→【实体仿真】命令,选择已生成的刀具轨迹,进入【CAXA 轨迹仿真】窗口。单击 ▶ 按钮,孔加工轨迹仿真开始,仿真结果如图 11-17 所示。

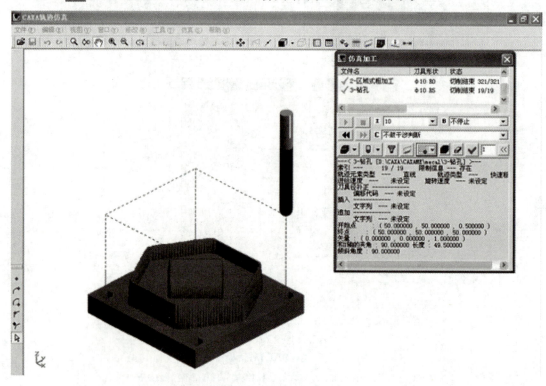

▲图 11-17　孔加工轨迹仿真

6. 生成 G 代码

(1)选择【加工】→【后置处理】→【生成 G 代码】命令。

(2) 确定程序保存路径及文件名。

(3) 依次选取刀具轨迹,注意选取的顺序即加工的顺序。

(4) 选择完毕,单击鼠标右键确定,系统自动生成程序代码。可根据所应用的数控机床的要求,适当修改程序内容。

五、任务评价

项目名称					
学生姓名			专业		
班级			活动时间		
活动地点			组别		
同组学生姓名					
学生自我评价	评价要素		评价等级		
	在教学活动中完成工作的态度		☺	😐	☹
	熟练运用基本操作技能情况				
	运用专业知识解决实际问题能力				
	在与同学合作交流中,团结协作情况				
	教学活动中守纪情况				
	完成情况	创建新文件,并设置绘图环境			
		定义加工毛坯			
		轮廓线精加工外台轮廓			
		区域式粗加工内腔			
		加工凸台通孔			
		生成G代码			
	综合评价				
小组评价					
教师评价					

六、相关资讯

1. 自动编程与手动编程的对比

对于点位加工或几何形状不太复杂的零件,程序编制计算比较简单,程序段不多,可进行手工编程。但对于轮廓形状不是由简单的直线、圆弧组成的复杂零件,特别是空间曲

项 目 十 一　自动编程加工

面零件以及程序量很大、计算相当烦琐易出错、难校对的零件，手工编制程序是难以完成的，甚至是无法实现的。因此，为了缩短生产周期，提高生产效率，减少出错率，解决各种复杂零件的加工问题，必须采用"自动编程"方法。

2. 数控自动编程的技术特点

在机械加工中，数控加工的份额日益增加。由于传统数控加工依靠手工编程，效率低，易出错，加工对象简单，限制并影响了数控机床的应用，自动编程正逐渐成为主要编程方式。自动编程技术可以减少加工前的准备工作。利用数控加工机床进行 NC 加工制造，配合计算机工具，可以减少夹具的设计与制造、工件的定位与装夹时间，可以减少加工误差。利用计算机辅助制造技术可以在制造加工前进行加工路径模拟仿真，可以减少加工过程中的误差和干涉检查，进而节约制造成本。配合各种多轴加工机床，可以在同一机床上对复杂的零件按照各种不同的程序进行加工，提高加工的灵活性。数控加工机床按照所设计的程序进行加工，可准确地预估加工所需的时间，以控制零件的制造加工时间，加工重复性好。设计程序数据可以重复利用。

七、练习与提高

分析图纸，加工如图 11-18 所示的凸台，试用自动编程完成加工程序。

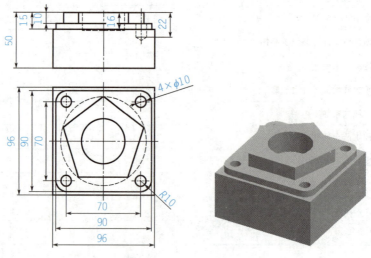

图 11-18　凸台零件图

项目十二 综合练习(一)

沈健英：数控车项目
一直追赶比自己强的人

一、任务目标

- 进一步掌握旋转指令的编程和应用技巧。
- 进一步掌握综合件的工艺分析和编程。
- 进一步掌握椭圆的编程与加工。
- 进一步掌握综合件的加工。

二、任务资讯

本项目以图 12-1 为例(评分记录表见表 12-1)，通过对综合件的加工，熟练掌握型腔类零件的加工技巧，同时进一步掌握椭圆轮廓的宏程序编程和加工。

项目十二 综合练习(一)

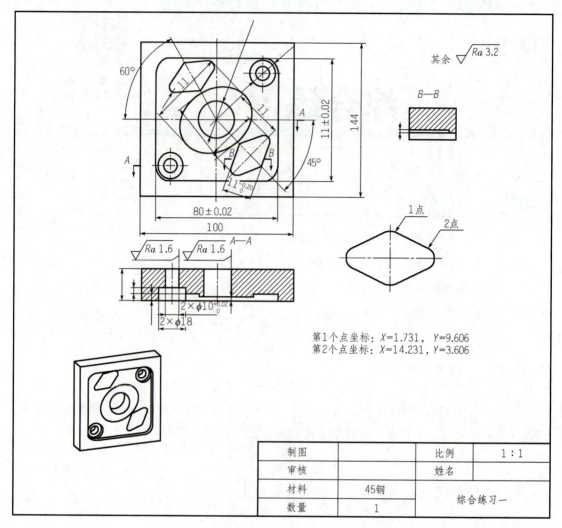

▲ 图12-1 综合件加工

▼ 表12-1 评分记录表

序号	考核内容	考核要点	配分	评分标准	检测结果	扣分	得分
1	内轮廓 21分	80±0.02	4	每超差0.01扣1.5分,超差0.02以上不得分			
		80±0.02	4	每超差0.01扣1.5分,超差0.02以上不得分			
		4×R10	4	每处1分,超差不得分			
		深度 $4_{-0.05}$	4	每超差0.01扣1.5分,超差0.02以上不得分			
		Ra 3.2	5	降一级不得分			

续表

序号	考核内容	考核要点	配分	评分标准	检测结果	扣分	得分
2	椭圆凸台 24 分	椭圆	2	形状不对不得分			
		40	2	超差不得分			
		50	2	超差不得分			
		高度 2	2	超差不得分			
		30°	2	超差不得分			
		$\phi 25^{+0.021}$	8	每超差 0.01 扣 1.5 分,超差 0.02 以上不得分			
		$Ra1.6$	6	降一级不得分			
3	菱形沉槽 20 分	33	2	超差不得分			
		$18^{+0.03}$	5	每超差 0.01 扣 2 分,超差 0.02 以上不得分			
		深度 2	2	超差不得分			
		45°	2	超差不得分			
		60°	2	超差不得分			
		$Ra3.2$	5	降一级不得分			
4	沉头圆孔 25 分	$\phi 18$	2	超差不得分			
		$2\times\phi 10^{+0.02}$	14	每处 7 分,每超差 0.01 扣 3 分,超差 0.02 以上不得分			
		深度 $4_{-0.05}$	5	每超差 0.01 扣 2 分,超差 0.02 以上不得分			
		$Ra1.6$	6	降一级不得分			
5	工艺合理 4 分	1. 合理选用刀具、量具	2	不合理扣分酌情扣分			
		2. 加工顺序、刀具轨迹合理	2	不合理扣分			
6	程序编制 4 分	1. 完成所有程序编制	2	未全部完成扣 2 分			
		2. 程序编制合理,能正确使用刀具补偿	2	酌情扣分			
7	安全文明生产	1. 着装规范,行为文明	2	着装不规范,行为不文明扣 0.5 分			
		2. 机床操作规范		不规范扣 0.5 分			
		3. 刀量具摆放规范		摆放不规范扣 0.5 分			
		4. 正确保养机床、刀量具		不能正确保养扣 0.5 分			
合计			100				

三、任务实施

1. 加工准备

(1)详细阅读零件图,并按照图纸检查坯料的尺寸。

(2)编制加工程序,输入程序并选择该程序。

(3)用平口虎钳装夹工件,工件伸出钳口 8 mm 左右,用百分表找正。

(4)安装寻边器,确定工件零点为坯料上表面的中心,设定可选择工件坐标系。

(5)选择合适的铣刀并对刀,设定加工相关参数,选择自动加工方式加工零件。

2. 工艺分析及处理

(1)零件图样分析。本零件主要是加工内轮廓,有一个矩形槽和一个倾斜的椭圆台,椭圆台的程序必须要用旋转指令和宏指令来编程;有两个倾斜的菱形槽,要使用好旋转指令,并要注意到旋转角度的大小和正负;有两个孔要钻和铰,以保证它的尺寸精度和位置精度;要铣两个沉孔。

(2)加工工艺分析。

①加工机床的选择。

②根据图纸要求选择合适的刀具,见表 12-2 的刀具卡表;切削用量(S、F、a_p)见表 12-3 的工序卡表;确定零件的加工路线、下刀点、切入点、退刀点。

▼表 12-2 刀具卡

刀具号	刀具名称	刀具规格	刀具材料
T1	面铣刀	$\phi 60$	涂层刀片
T2	立铣刀	$\phi 12$	高速钢
T3	立铣刀(粗加工)	$\phi 6$	高速钢
T4	立铣刀(精加工)	$\phi 6$	高速钢
T5	钻头	$\phi 8.5$	高速钢
T6	钻头	$\phi 9.8$	高速钢
T7	铰刀	$\phi 10H7$	高速钢
T8	镗刀		涂层刀片

▼表 12-3 工序卡

工步	工步内容	刀具号	主轴转速 /(r·min^{-1})	进给量 /(mm·min^{-1})	切削深度 /mm	切削余量 /mm
1	铣削上表面	T1	700	100	0.5	0
2	粗铣内轮廓	T2	800	150	4	0.2

续表

工步	工步内容	刀具号	主轴转速 /(r·min^{-1})	进给量 /(mm·min^{-1})	切削深度 /mm	切削余量 /mm
3	粗铣椭圆	T2	800	150	2	0.2
4	粗铣 ϕ25 圆	T2	800	150	20	0.2
5	铣 ϕ18 沉孔	T2	800	150	4	0
6	粗铣菱形沉槽	T3	1 000	80	2	0.2
7	精铣内轮廓	T4	1 200	200	4	0
8	精铣椭圆	T4	1 200	200	2	0
9	精铣菱形沉槽	T4	1 200	200	2	0
10	精镗 ϕ25 圆孔	T8	2 500	50	20	0
11	钻孔	T5	800	100	25	0
12	钻孔	T6	600	100	25	0
13	铰孔	T7	100	40	22	0

(3)程序编制。参考程序(略)。

(4)模拟、加工、检验。

3. 注意事项

(1)使用寻边器确定工件零点时应采用碰双边法。

(2)精铣时应采用顺铣法,以提高尺寸精度和表面质量。

(3)使用椭圆参数方程编程时的角度增量不应太大,否则容易引起椭圆轮廓表面粗糙。

(4)铣削加工后,需用锉刀或去毛器去除毛刺。

四、任务评价

项目	评分要素	配分	评分标准	检测结果	得分
编程 (20分)	加工工艺路线制订	5	加工工艺路线制订正确		
	刀具及切削用量选择	5	刀具及切削用量选择合理		
	程序编写正确性	10	程序编写正确、规范		
操作 (30分)	手动操作	10	对刀操作不正确扣 5 分		
	自动运行	10	程序选择错误扣 5 分 启动操作不正确扣 5 分 F、S 调整不正确扣 2 分		
	参数设置	10	零点偏置设定不正确扣 5 分 刀补设定不正确扣 5 分		

续表

项目	评分要素	配分	评分标准	检测结果	得分
工件质量（30分）	形状	10	有一处过切扣2分 有一处残余余量扣2分		
	尺寸	16	每超0.02 mm扣2分		
	表面粗糙度	4	每降一级扣1分		
工量刃具的使用与维护（10分）	常用工量刃具的使用	10	使用不当每次扣2分		
安全文明生产（10分）	正确执行安全技术操作规程，按企业有关的文明生产规定，做到工作地整洁，工件、工具摆放整齐	10	严格执行制度、规定者满分，执行差者酌情扣分		
综合评价					

五、练习与提高

编制图12-2所示工件的加工程序。

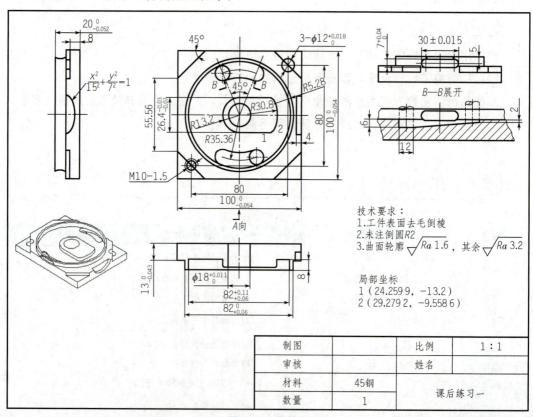

▲图12-2 零件加工

项目十三 综合练习(二)

周颖峰：技能激发创造力成就数控技能大师

一、任务目标

- 掌握极坐标指令的编程和应用技巧。
- 掌握坐标系旋转指令的编程和应用技巧。
- 掌握变量编程方法和应用技巧。
- 进一步掌握综合件的工艺特点。

二、任务资讯

本项目以图13-1为例(评分记录表见表13-1)，通过对各种轮廓的加工，熟练掌握极坐标指令、坐标系旋转指令、变量编程方法的运用，同时进一步掌握各种复杂零件的编程和加工。

项目十三 综合练习(二)

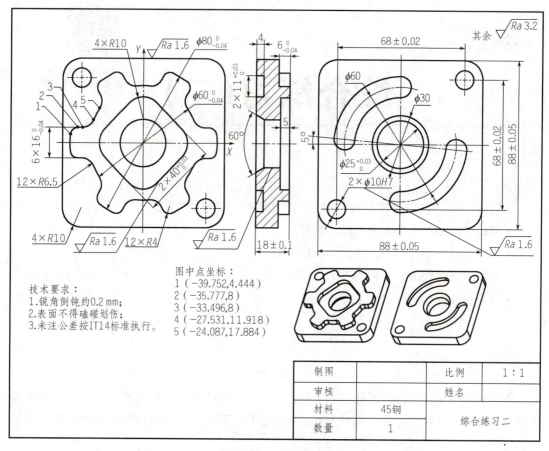

▲图 13-1 零件加工

▼表 13-1 评分记录表

序号	考核内容	考核要点	配分	评分标准	检测结果	扣分	得分
1	正方形轮廓	88±0.05	10	每处 5 分,每超差 0.01 扣 3 分,超差 0.02 以上不得分			
		18±0.1	3	超差不得分			
		4×R10 倒角	2	形状不对不得分			
2	圆弧槽	$2 \times 11^{+0.03}_{0}$	6	每处 3 分,每超差 0.01 扣 2 分,超差 0.02 以上不得分			
		$\phi 60$	2	超差不得分			
		角度 5°	3	超差不得分			
		深度 4	2	超差不得分			
		Ra 3.2	2	降一级不得分			

续表

序号	考核内容	考核要点	配分	评分标准	检测结果	扣分	得分
3	孔	$2\times\phi10H7$	8	每处 4 分,每超差 0.01 扣 2 分,超差 0.02 以上不得分			
		68 ± 0.02	2	超差不得分			
		$Ra1.6$	4	降一级不得分			
4	凸台	$\phi80_{-0.04}^{0}$	3	每超差 0.01 扣 2 分,超差 0.02 以上不得分			
		$\phi60_{-0.04}^{0}$	3	每超差 0.01 扣 2 分,超差 0.02 以上不得分			
		$6\times16_{-0.04}^{0}$	6	每处 1 分,超差不得分			
		$12\times R6.5$、$12\times R4$	3	形状不对酌情扣分			
		高度 $6_{-0.04}^{0}$	3	超差不得分			
		$Ra3.2$	3	降一级不得分			
5	圆孔	$\phi25_{0}^{+0.03}$	6	超差不得分			
		$Ra1.6$	4	降一级不得分			
		$\phi30$	2	超差不得分			
		倒角 $60°$	5	未完成不得分			
		$2\times40_{0}^{+0.03}$	6	每处 3 分,每超差 0.01 扣 2 分,超差 0.02 以上不得分			
		深度 5	2	超差不得分			
6	工艺合理	1. 合理选用刀具、量具	2	不合理扣分酌情扣分			
		2. 加工顺序、刀具轨迹合理	2	不合理扣分			
7	程序编制	1. 完成所有程序编制	2	未全部完成扣分			
		2. 程序编制合理,能正确使用刀具补偿	2	酌情扣分			
8	安全文明生产	1. 着装规范,行为文明	2	着装不规范,行为不文明扣分			
		2. 机床操作规范		不规范扣分			
		3. 刀量具摆放规范		摆放不规范扣分			
		4. 正确保养机床、刀量具		不能正确保养扣分			
合计			100				

三、任务实施

1. 加工准备

(1)详细阅读零件图,并按照图纸检查坯料的尺寸。

(2)编制加工程序,输入程序并选择该程序。

(3)用平口虎钳装夹工件,整个工件需要两次装夹,第一次装夹时毛坯需要伸出钳口 13 mm 以上,用百分表找正;第二次装夹时工件伸出钳口 8 mm 左右,用百分表找正。

(4)安装寻边器,确定工件零点为坯料上表面的中心,设定可选择工件坐标系。

(5)选择合适的铣刀并对刀,设定加工相关参数,选择自动加工方式加工零件。

2. 工艺分析及处理

(1)零件图样分析。了解零件的材质、尺寸要求、形位公差、精度要求、零件的加工形状(毛坯尺寸为 90 mm×90 mm×20 mm 的长方体钢块)。

(2)加工工艺分析。

①加工机床的选择。

②根据图纸要求选择合适的刀具,见表 13-2 的刀具卡表;切削用量(S、F、a_p)见表 13-3 的工序卡表;确定零件的加工路线、下刀点、切入点、退刀点。

▼表 13-2 刀具卡

刀具号	刀具名称	刀具规格	刀具材料
T1	面铣刀	ϕ60	涂层刀片
T2	立铣刀	ϕ12	高速钢
T3	立铣刀(粗加工)	ϕ10	高速钢
T4	立铣刀(精加工)	ϕ10	高速钢
T5	钻头	ϕ8.5	高速钢
T6	钻头	ϕ9.8	高速钢
T7	铰刀	ϕ10H7	高速钢
T8	镗刀		涂层刀片

▼ 表13-3 工序卡

工序	工步	工步内容	刀具号	主轴转速 /(r·min⁻¹)	进给量 /(mm·min⁻¹)	切削深度 /mm	切削余量 /mm
加工圆弧槽面	1	铣削上表面	T1	700	100	0.5	0
	2	粗铣正方形轮廓	T2	800	150	12.5	0.2
	3	粗铣 $\phi25$ 圆孔	T2	800	150	18.5	0.2
	4	粗铣圆弧槽	T3	900	150	4	0.2
	5	精铣正方形轮廓	T4	1 000	200	12.5	0
	6	精铣圆弧槽	T4	1 000	200	4	0
	7	60°倒角	T4	2 500	1 000	/	0
	8	精镗 $\phi25$ 圆孔	T8	2 500	50	18.5	0
	9	钻孔	T5	800	100	25	0
	10	钻孔	T6	600	100	25	0
	11	铰孔	T7	100	40	22	0
加工凸台面	11	铣削上表面	T1	700	100	保证 18±0.1	0
	12	粗铣凸台	T2	800	150	6	0.2
	13	粗铣 $2\times40^{+0.03}_{0}$ 槽	T2	800	150	5	0.2
	14	精铣凸台	T4	1 000	200	6	0
	15	精铣 $2\times40^{+0.03}_{0}$	T4	1 000	2 000	5	

(3)程序编制。参考程序(略)。

(4)模拟、加工、检验。

4. 注意事项

(1)使用寻边器确定工件零点时应采用碰双边法。

(2)精铣时应采用顺铣法,以提高尺寸精度和表面质量。

(3)铣削加工后,需用锉刀或去毛器去除毛刺。

四、任务评价

项目	评分要素	配分	评分标准	检测结果	得分
编程 (20分)	加工工艺路线制订	5	加工工艺路线制订正确		
	刀具及切削用量选择	5	刀具及切削用量选择合理		
	程序编写正确性	10	程序编写正确、规范		

项目十三 综合练习(二)

续表

项目	评分要素	配分	评分标准	检测结果	得分
操作 (30 分)	手动操作	10	对刀操作不正确扣 5 分		
	自动运行	10	程序选择错误扣 5 分 启动操作不正确扣 5 分 F、S 调整不正确扣 2 分		
	参数设置	10	零点偏置设定不正确扣 5 分 刀补设定不正确扣 5 分		
工件质量 (30 分)	形状	10	有一处过切扣 2 分 有一处残余余量扣 2 分		
	尺寸	16	每超 0.02 mm 扣 2 分		
	表面粗糙度	4	每降一级扣 1 分		
工量刃具的 使用与维护 (10 分)	常用工量刃具的使用	10	使用不当每次扣 2 分		
安全文明 生产(10 分)	正确执行安全技术操作规程,按企业有关的文明生产规定,做到工作地整洁、工件、工具摆放整齐	10	严格执行制度、规定者满分,执行差者酌情扣分		
综合评价					

五、练习与提高

编制如图 13-2 所示工件的加工程序。

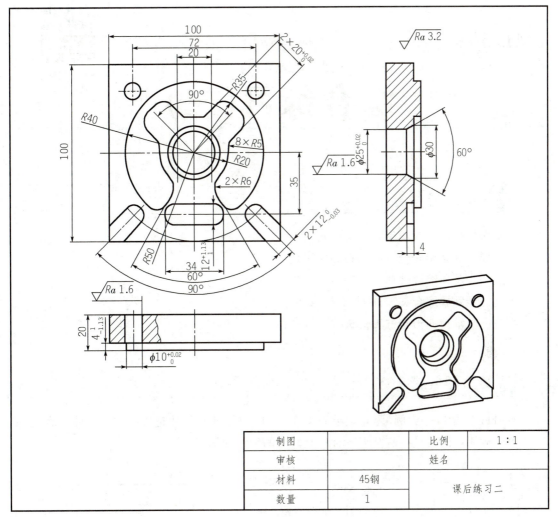

▲图 13-2 零件加工

项目十四 综合练习(三)

孙耀恒：情系数控
匠心筑梦

综合练习(三)

一、任务目标

- 掌握极坐标指令的编程和应用技巧。
- 掌握坐标系旋转指令的编程和应用技巧。
- 进一步掌握综合件的工艺特点。
- 进一步掌握综合类零件的进刀方式和退刀方式。
- 进一步掌握四刃立铣刀的选择。

二、任务资讯

本项目以图 14-1 为例(评分记录表见表 14-1)，通过对各种轮廓的加工，熟练掌握各种指令的运用，同时进一步掌握各种复杂零件的编程和加工。

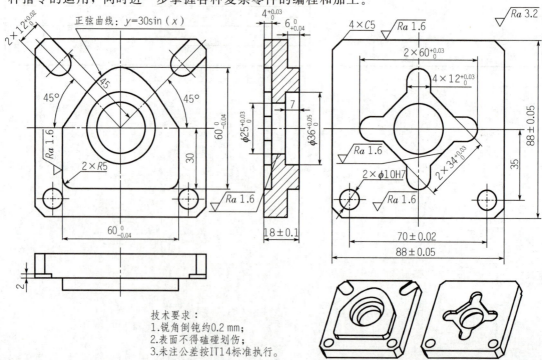

▲图 14-1 零件加工

项目十四　综合练习（三）

▼表 14-1　评分记录表

序号	考核内容	考核要点	配分	评分标准	检测结果	扣分	得分
1	正方形轮廓	88 ± 0.05	10	每处 5 分，每超差 0.01 扣 3 分，超差 0.02 以上不得分			
		18 ± 0.1	4	超差不得分			
		$4\times C5$ 倒角	4	超差不得分			
2	"十字"槽	$4\times 12^{+0.03}_{0}$	4	每处 1 分，超差不得分			
		$2\times 60^{+0.03}_{0}$	2	每处 1 分，超差不得分			
		$2\times 34^{+0.03}_{0}$	2	每处 1 分，超差不得分			
		深度 $4^{+0.03}_{0}$	3	超差不得分			
		$Ra1.6$	3	降一级不得分			
3	孔	$2\times \phi 10H7$	8	每处 4 分，每超差 0.01 扣 2 分，超差 0.02 以上不得分			
		70 ± 0.02	2	超差不得分			
		$Ra1.6$	4	降一级不得分			
4	凸台	$60^{0}_{-0.04}$	6	每处 3 分，每超差 0.01 扣 2 分，超差 0.02 以上不得分			
		正弦曲线	5	形状不对不得分			
		高度 $6^{0}_{-0.04}$	3	超差不得分			
		$Ra1.6$	3	降一级不得分			
5	内沉孔	$\phi 36^{+0.05}_{0}$	4	超差不得分			
		$\phi 25^{+0.03}_{0}$	6	每超差 0.01 扣 3 分，超差 0.02 以上不得分			
		深度 7	2	超差不得分			
		$Ra1.6$	5	降一级不得分			
6	开口槽	$2\times 12^{+0.03}_{0}$	4	每处 2 分，超差不得分			
		$45°$	3	超差不得分			
		深度 2	3	超差不得分			
7	工艺合理	1. 合理选用刀具、量具	2	不合理扣分酌情扣分			
		2. 加工顺序、刀具轨迹合理	2	不合理扣分			
8	程序编制	1. 完成所有程序编制	2	未全部完成扣分			
		2. 程序编制合理，能正确使用刀具补偿	2	酌情扣分			

续表

序号	考核内容	考核要点	配分	评分标准	检测结果	扣分	得分
9	安全文明生产	1. 着装规范，行为文明	2	着装不规范，行为不文明扣分			
		2. 机床操作规范		不规范扣分			
		3. 刀量具摆放规范		摆放不规范扣分			
		4. 正确保养机床、刀量具		不能正确保养扣分			
合计			100				

三、任务实施

1. 加工准备

(1)详细阅读零件图，并按照图纸检查坯料的尺寸。

(2)编制加工程序，输入程序并选择该程序。

(3)用平口虎钳装夹工件，整个工件需要两次装夹，第一次装夹时毛坯需要伸出钳口 13 mm 以上，用百分表找正；第二次装夹时工件伸出钳口 8 mm 左右，用百分表找正。

(4)安装寻边器，确定工件零点为坯料上表面的中心，设定可选择工件坐标系。

(5)选择合适的铣刀并对刀，设定加工相关参数，选择自动加工方式加工零件。

2. 工艺分析及处理

(1)零件图样分析。了解零件的材质、尺寸要求、形位公差、精度要求、零件的加工形状(毛坯尺寸为 90 mm×90 mm×20 mm 的长方体钢块)。

(2)加工工艺分析。

①加工机床的选择。

②根据图纸要求选择合适的刀具，见表 14-2 的刀具卡表；切削用量(S、F、a_p)见表 14-3 的工序卡表；确定零件的加工路线、下刀点、切入点、退刀点。

▼表 14-2 刀具卡

刀具号	刀具名称	刀具规格	刀具材料
T1	面铣刀	$\phi 60$	涂层刀片
T2	立铣刀	$\phi 12$	高速钢
T3	立铣刀(粗加工)	$\phi 10$	高速钢
T4	立铣刀(精加工)	$\phi 10$	高速钢

续表

刀具号	刀具名称	刀具规格	刀具材料
T5	钻头	$\phi 8.5$	高速钢
T6	钻头	$\phi 9.8$	高速钢
T7	铰刀	$\phi 10H7$	高速钢
T8	镗刀		涂层刀片

▼表 14-3 工序卡

工序	工步	工步内容	刀具号	主轴转速 /(r·min^{-1})	进给量 /(mm·min^{-1})	背吃刀量 /mm	切削余量 /mm
加工"十"字槽面	1	铣削上表面	T1	700	100	0.5	0
	2	粗铣正方形轮廓	T2	800	150	12.5	0.2
	3	粗铣 $\phi 25$ 圆孔	T2	800	150	18.5	0.2
	4	粗铣"十字"槽	T3	900	150	4	0.2
	5	精铣正方形轮廓	T4	1 000	200	12.5	0
	6	精铣"十字"槽	T4	1 000	200	4	0
	7	精镗 $\phi 25$ 圆孔	T8	2 500	50	18.5	
	8	钻孔	T5	800	100	25	
	9	钻孔	T6	600	100	25	
	10	铰孔	T7	100	40	22	0
加工凸台面	11	铣削上表面	T1	700	100	保证18±0.1	0
	12	粗铣凸台	T2	800	150	6	0.2
	13	粗铣 $\phi 36$ 圆孔	T2	800	150	7	0.2
	14	粗铣开口槽	T3	900	150	2	0.2
	15	精铣凸台	T4	1 000	200	6	0
	16	精铣 $\phi 36$ 圆孔	T4	1 000	2 000	7	0
	17	精铣开口槽	T4	1 000	2 000	2	0

(3)程序编制。参考程序(略)。

(4)模拟、加工、检验。

3. 注意事项

(1)使用寻边器确定工件零点时应采用碰双边法。

(2)精铣时应采用顺铣法,以提高尺寸精度和表面质量。

(3)铣削加工后,需用锉刀或去毛器去除毛刺。

四、任务评价

项目	评分要素	配分	评分标准	检测结果	得分
编程 （20分）	加工工艺路线制订	5	加工工艺路线制订正确		
	刀具及切削用量选择	5	刀具及切削用量选择合理		
	程序编写正确性	10	程序编写正确、规范		
操作 （30分）	手动操作	10	对刀操作不正确扣5分		
	自动运行	10	程序选择错误扣5分 启动操作不正确扣5分 F、S调整不正确扣2分		
	参数设置	10	零点偏置设定不正确扣5分 刀补设定不正确扣5分		
工件质量 （30分）	形状	10	有一处过切扣2分 有一处残余余量扣2分		
	尺寸	16	每超0.02 mm扣2分		
	表面粗糙度	4	每降一级扣1分		
工量刃具的 使用与维护 （10分）	常用工量刃具的使用	10	使用不当每次扣2分		
安全文明 生产（10分）	正确执行安全技术操作规程，按企业有关的文明生产规定，做到工作地整洁，工件、工具摆放整齐	10	严格执行制度、规定者满分，执行差者酌情扣分		
综合评价					

五、练习与提高

编制如图14-2所示工件的加工程序。

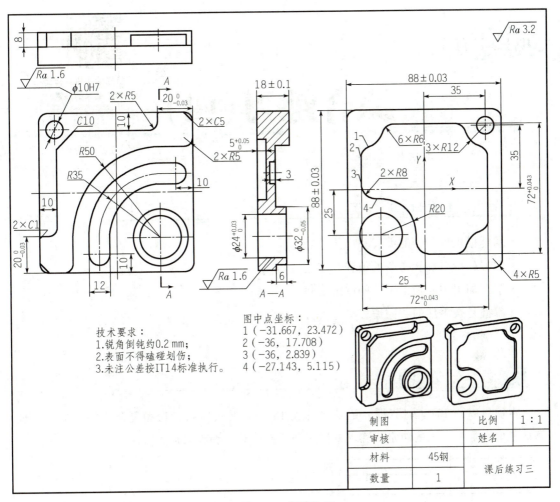

▲图 14-2　零件加工

项目十五 综合练习(四)

夏立：机床的母机从何而来
0.002 毫米的追求

一、任务目标

- 掌握极坐标指令的编程和应用技巧。
- 掌握坐标系旋转指令的编程和应用技巧。
- 掌握加工中心加工工艺的制定步骤。
- 掌握复杂零件的数控编程与加工方法。

二、任务资讯

本项目以图 15-1 为例(评分记录表见表 15-1)，通过对各种典型复杂零件的加工，理解加工中心加工工艺的制定步骤，掌握复杂零件的数控编程与加工方法。

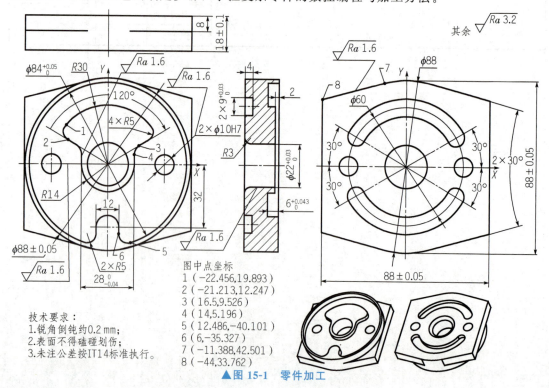

▲图 15-1 零件加工

▼ 表 15-1　评分记录表

序号	考核内容	考核要点	配分	评分标准	检测结果	扣分	得分
1	外轮廓	88±0.05	10	每处 5 分，每超差 0.01 扣 3 分，超差 0.02 以上不得分			
		18±0.1	4	超差不得分			
		$\phi 88$	2	超差不得分			
		2×30°	2	超差不得分			
2	圆弧槽	$2 \times 9_{0}^{+0.03}$	6	每处 3 分，每超差 0.01 扣 2 分，超差 0.02 以上不得分			
		$\phi 60$	2	超差不得分			
		角度 30°	4	超差不得分			
		深度 4	2	超差不得分			
		$Ra\,3.2$	2	降一级不得分			
3	孔	$2 \times \phi 0 H7$	10	每处 5 分，每超差 0.01 扣 3 分，超差 0.02 以上不得分			
		$Ra\,1.6$	4	降一级不得分			
4	圆弧薄壁	$\phi 88 \pm 0.05$	4	每超差 0.01 扣 2 分，超差 0.02 以上不得分			
		$\phi 84_{0}^{+0.05}$	3	每超差 0.01 扣 2 分，超差 0.02 以上不得分			
		$2 \times R5$	2	形状不对不得分			
		12、32	3	超差不得分			
		高度 $6_{0}^{+0.043}$	3	超差不得分			
		$Ra\,3.2$	3	降一级不得分			
5	中间凸台	$28_{-0.04}^{0}$	4	每超差 0.01 扣 2 分，超差 0.02 以上不得分			
		$4 \times R5、R30、R14$	4	形状不对酌情扣分			
		$Ra\,1.6$	3	降一级不得分			
		圆孔 $\phi 22_{0}^{+0.03}$	6	每超差 0.01 扣 2 分，超差 0.02 以上不得分			
		倒角 $R3$	5	每处 3 分，每超差 0.01 扣 2 分，超差 0.02 以上不得分			
		2	2	超差不得分			
6	工艺合理	1. 合理选用刀具、量具	2	不合理扣分酌情扣分			
		2. 加工顺序、刀具轨迹合理	2	不合理扣分			

续表

序号	考核内容	考核要点	配分	评分标准	检测结果	扣分	得分
7	程序编制	1. 完成所有程序编制	2	未全部完成扣分			
		2. 程序编制合理，能正确使用刀具补偿	2	酌情扣分			
8	安全文明生产	1. 着装规范，行为文明	2	着装不规范，行为不文明扣分			
		2. 机床操作规范		不规范扣分			
		3. 刀量具摆放规范		摆放不规范扣分			
		4. 正确保养机床、刀量具		不能正确保养扣分			
合计			100				

三、任务实施

1. 加工准备

(1)详细阅读零件图，并按照图纸检查坯料的尺寸。

(2)编制加工程序，输入程序并选择该程序。

(3)用平口虎钳装夹工件，整个工件需要两次装夹，第一次装夹时毛坯需要伸出钳口 13 mm 以上，用百分表找正；第二次装夹时工件伸出钳口 8 mm 左右，用百分表找正。

(4)安装寻边器，确定工件零点为坯料上表面的中心，设定可选择工件坐标系。

(5)选择合适的铣刀并对刀，设定加工相关参数，选择自动加工方式加工零件。

2. 工艺分析及处理

(1)零件图样分析。了解零件的材质、尺寸要求、形位公差、精度要求、零件的加工形状(毛坯尺寸为 90 mm×90 mm×20 mm 的长方体钢块)。

(2)加工工艺分析。

①加工机床的选择。

②根据图纸要求选择合适的刀具，见表 15-2 的刀具卡表；切削用量(S、F、a_p)见表 15-3 的工序卡表；确定零件的加工路线、下刀点、切入点、退刀点。

▼表 15-2 刀具卡

刀具号	刀具名称	刀具规格	刀具材料
T1	面铣刀	$\phi 60$	涂层刀片

续表

刀具号	刀具名称	刀具规格	刀具材料
T2	立铣刀	$\phi12$	高速钢
T3	立铣刀(粗加工)	$\phi8$	高速钢
T4	立铣刀(精加工)	$\phi8$	高速钢
T5	钻头	$\phi8.5$	高速钢
T6	钻头	$\phi9.8$	高速钢
T7	铰刀	$\phi10H7$	高速钢
T8	镗刀		涂层刀片

▼ 表15-3 工序卡

工序	工步	工步内容	刀具号	主轴转速 /(r·min^{-1})	进给量 /(mm·min^{-1})	切削深度 /mm	切削余量 /mm
加工圆弧槽面	1	铣削上表面	T1	700	100	0.5	0
	2	粗铣外轮廓	T2	800	150	10	0.2
	3	粗铣$\phi22$圆孔	T2	800	150	18.5	0.2
	4	粗铣圆弧槽	T3	1 000	100	4	0.2
	5	精铣外轮廓	T4	1 200	200	10	0
	6	精铣圆弧槽	T4	1 200	200	4	0
	7	倒$R3$圆角	T4	3 000	1 000	3	0
	8	精镗$\phi22$圆孔	T8	2 500	50	18.5	0
	9	钻孔	T5	800	100	25	0
	10	钻孔	T6	600	100	25	0
	11	铰孔	T7	100	40	22	0
加工凸台面	12	铣削上表面	T1	700	100	保证18±0.1	0
	13	粗铣$\phi88$圆	T2	800	150	8	0.2
	14	粗铣$\phi84$圆弧薄壁	T3	1 000	100	6	0.2
	15	粗铣中间凸台	T3	1 000	100	4	0.2
	16	精铣$\phi88$圆	T4	1 200	200	8	0
	17	精铣$\phi84$圆弧薄壁	T4	1 200	200	6	0
	18	精铣中间凸台	T4	1 200	200	4	0

(3)程序编制。参考程序(略)。

(4)模拟、加工、检验。

3. 注意事项

（1）一般选用切削时间相对较长的立铣刀为基准刀具，用 Z 轴设定仪测定其他刀具长度 L' 相对于基准刀具长度 $L'_{基}$ 的差值 $\Delta L'$（$\Delta L' = L' - L'_{基}$）作为补偿值，并用 MDI 键盘在数控系统"刀具补正"页面中的对应刀号后输入。本任务中选用 $\phi20$ 立铣刀为基准刀具。

（2）为避免选刀占用加工时间，编程时应注意提前选刀，即将 T×× 指令与 M06 编写在不同程序段中，以提高加工效率。

（3）粗铣时，用逆铣；精铣时，用顺铣。

四、任务评价

项目	评分要素	配分	评分标准	检测结果	得分
编程 （20分）	加工工艺路线制订	5	加工工艺路线制订正确		
	刀具及切削用量选择	5	刀具及切削用量选择合理		
	程序编写正确性	10	程序编写正确、规范		
操作 （30分）	手动操作	10	对刀操作不正确扣5分		
	自动运行	10	程序选择错误扣5分 启动操作不正确扣5分 F、S调整不正确扣2分		
	参数设置	10	零点偏置设定不正确扣5分 刀补设定不正确扣5分		
工件质量 （30分）	形状	10	有一处过切扣2分 有一处残余余量扣2分		
	尺寸	16	每超0.02 mm扣2分		
	表面粗糙度	4	每降一级扣1分		
工量刃具的 使用与维护 （10分）	常用工量刃具的使用	10	使用不当每次扣2分		
安全文明 生产（10分）	正确执行安全技术操作规程，按企业有关的文明生产规定，做到工作地整洁，工件、工具摆放整齐	10	严格执行制度、规定者满分，执行差者酌情扣分		
综合评价					

五、练习与提高

编制如图 15-2 所示工件的加工程序。

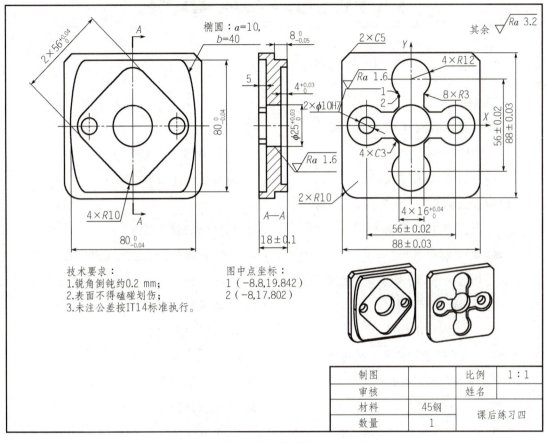

▲图 15-2 零件加工

附录一

数控铣工试题库

一、选择题

1. 职业道德的内容包括(　　)。
   A. 从业者的工作计划　　　　　B. 职业道德行为规范
   C. 从业者享有的权利　　　　　D. 从业者的工资收入

2. 职业道德的实质内容是(　　)。
   A. 树立新的世界观　　　　　　B. 树立新的就业观念
   C. 增强竞争意识　　　　　　　D. 树立全新的社会主义劳动态度

3. 下列选项中属于职业道德范畴的是(　　)。
   A. 企业经营业绩　　　　　　　B. 企业发展战略
   C. 员工的技术水平　　　　　　D. 人们的内心信念

4. (　　)是职业道德修养的前提。
   A. 学习先进人物的优秀品质　　B. 确立正确的人生观
   C. 培养自己良好的行为习惯　　D. 增强自律性

5. 敬业就是以一种严肃认真的态度对待工作，下列不符合的选项是(　　)。
   A. 工作勤奋努力　　　　　　　B. 工作精益求精
   C. 工作以自我为中心　　　　　D. 工作尽心尽力

6. 企业标准是由(　　)制定的标准。
   A. 国家　　　B. 企业　　　C. 行业　　　D. 地方

7. 下列关于创新的论述，正确的是(　　)。
   A. 创新与继承根本对立　　　　B. 创新就是独立自主
   C. 创新是民族进步的灵魂　　　D. 创新不需要引进国外新技术

8. 道德的正确解释是(　　)。
   A. 人的技术水平　　　　　　　B. 人的交往能力
   C. 人的行为规范　　　　　　　D. 人的工作能力

9. 安全文化的核心是树立(　　)的价值观念，真正做到"安全第一，预防为主"。

A. 以产品质量为主 B. 以经济效益为主
C. 以人为本 D. 以管理为主

10. 企业文化的核心是(   )。
    A. 企业价值观 B. 企业目标
    C. 企业形象 D. 企业经营策略

11. 职业道德建设与企业的竞争力的关系是(   )。
    A. 互不相关 B. 源泉与动力关系
    C. 相辅相成关系 D. 局部与全局关系

12. 企业加强职业道德建设,关键是(   )。
    A. 树立企业形象 B. 领导以身作则
    C. 抓好职工教育 D. 健全规章制度

13. 职业道德是指(   )。
    A. 人们在履行本职工作中所应遵守的行为规范和准则
    B. 人们在履行本职工作中所确立的奋斗目标
    C. 人们在履行本职工作中所确立的价值观
    D. 人们在履行本职工作中所遵守的规章制度

14. 提高职业道德修养的方法有学习职业道德知识、提高文化素养、提高精神境界和(   )等。
    A. 加强舆论监督 B. 增强强制性
    C. 增强自律性 D. 完善企业制度

15. 国标规定的几种图纸幅面中,幅面最大的是(   )。
    A. A0   B. A1   C. A2   D. A3

16. 符号 GB 的含义是(   )。
    A. 国际标准   B. 部级标准   C. 国家标准   D. 国外标准

17. 图样中书写汉字字体号数,即为字体(   )。
    A. 宽度   B. 高度   C. 长度   D. 线宽

18. 读零件图时,首先看(   )。
    A. 剖视图   B. 模板图   C. 标题栏   D. 主视图和尺寸

19. 零件图由图形、尺寸线、(   )、标题栏组成。
    A. 形位公差要求 B. 表面粗糙度要求
    C. 热处理要求 D. 技术要求

20. 根据尺寸在图样上的布置特点,尺寸标注形式可分为链式、坐标式和综合式三类。其中关于链式标注描述错误的是( )。

A. 把同一方向的一组尺寸依次首尾相接

B. 前一段尺寸的加工误差不影响后一段

C. 各段尺寸误差累计在总体尺寸上

D. 各段尺寸的加工精度只取决于本段的加工误差,不会产生累计误差

21. 根据尺寸在图样上的布置特点,尺寸标注形式可分为链式、坐标式和综合式三类。其中关于坐标式标注,下列描述错误的是( )。

A. 同一方向的一组尺寸从同一基准出发进行标注

B. 各段尺寸的误差累计在总体尺寸上

C. 各段尺寸的加工精度只取决于本段的加工误差

D. 总体尺寸的精度容易得到保证

22. 绘制( )零件时,应把能较多地反映零件结构形状和相对位置的方向作为主视图方向。

A. 轴类 B. 盘盖类 C. 叉架类 D. 箱体类

23. 绘制( )零件时,一般以工作位置和最能确定反映形体特征的一面作为主视图。

A. 轴类 B. 盘盖类 C. 叉架类 D. 箱体类

24. 一般机械工程图采用( )原理画出。

A. 正投影 B. 中心投影 C. 平行投影 D. 点投影

25. 机械零件的真实大小是以图样上的( )为依据。

A. 比例 B. 公差范围 C. 技术要求 D. 尺寸数值

26. 将机件表面按其实际形状大小摊开在一个平面上所得的图形称为( )。

A. 平面图 B. 展开图 C. 主视图 D. 模板图

27. 工程上常将轴测图作为辅助图样,下列关于轴测图描述错误的是( )。

A. 立体感较强,容易看懂

B. 不能同时反映物体各表面的实形,度量性差

C. 容易表达清楚形状比较复杂的立体

D. 同时反映物体长、宽和高三个方向的形象

28. 双点画线的主要用途是( )。

A. 断裂处的边界线 B. 假想轮廓线的投影

C. 有特殊要求的表面的表示线 D. 分度圆或分度线

29. 粗实线可以绘制( )。

A. 尺寸线　　　　　　　　　　B. 可见过渡线

C. 剖面线　　　　　　　　　　D. 螺纹牙底线

30. 在拆画零件图时，下列说法错误的是（　　）。

　　A. 拆画零件图时，要根据零件的结构特点重新选择主视图的投射方向和表达方案

　　B. 画装配图时被简化的零件上的某些结构，如倒角，在零件图中无须表示出来

　　C. 装配图上未注的尺寸，也应在零件图中标注

　　D. 要根据零件的作用，注写其他必要的技术条件

31. 当一对标准的圆锥齿轮传动时，必须使两齿轮的（　　）相切。

　　A. 齿顶圆　　　B. 分度圆　　　C. 齿根圆　　　D. 基圆

32. （　　）是指工件加工表面所具有的较小间距和微小峰谷的微观几何形状不平度。

　　A. 波度　　　　　　　　　　B. 表面粗糙度

　　C. 表面光洁度　　　　　　　D. 公差等级

33. $Ra6.3\,\mu m$ 的含义是（　　）。

　　A. 尺寸精度为 $6.3\,\mu m$　　　　B. 光洁度为 $6.3\,\mu m$

　　C. 粗糙度为 $6.3\,\mu m$　　　　　D. 位置精度为 $6.3\,\mu m$

34. 粗糙度的评定参数 Ra 的名称是（　　）。

　　A. 轮廓算术平均偏差　　　　B. 轮廓几何平均偏差

　　C. 微观不平度十点平均高度　D. 微观不平度五点平均高度

35. 装配图中，同一零件的不同视图，其剖面线的方向和间隔应（　　）。

　　A. 保持一致　　B. 保持相反　　C. 有区别　　　D. 不同

36. 当机件的外形比较简单，内部结构较为复杂时，可选用（　　）来表达。

　　A. 三视图　　　B. 全剖视图　　C. 半剖视图　　D. 局部剖视

37. 当需表达机件内部部分结构，需选择（　　）。

　　A. 三视图　　　B. 全剖视图　　C. 半剖视图　　D. 局部剖视

38. 在绘制主轴零件图时，可用（　　）来表达零件上一些细小结构的形状和尺寸。

　　A. 局部放大图　B. 剖面图　　　C. 剖视图　　　D. 斜视图

39. 局部视图的断裂边件图用（　　）表示。

　　A. 细实线　　　　　　　　　B. 波浪线或双折线

　　C. 细点画线　　　　　　　　D. 虚线

40. 在绘制装配图时，（　　）绘制方法是错误的。

　　A. 两个零件接触表面只用一条轮廓线表示，不能画成两条线

B. 剖视图中接触的两个零件的剖面线方向应相反

C. 要画实心杆件和一些标准件的剖面线

D. 零件的退刀槽、圆角和倒角可以不画

41. 装配图的明细表是机器和部件中全部零件、部件的（　　）。
   A. 说明书　　　B. 加工要求　　　C. 详细目录　　　D. 规格要求

42. 机床主轴箱的装配图的主视图一般采用（　　）的特殊画法。
   A. 拆卸画法　　B. 单独画法　　　C. 展开画法　　　D. 夸大画法

43. 配合的松紧程度取决于（　　）。
   A. 基本尺寸　　B. 极限尺寸　　　C. 基本偏差　　　D. 标准公差

44. 在图样上标注形位公差，当公差值前面加注 ϕ 时，该被测要素的公差带形状应为（　　）。
   A. 两同心圆　　　　　　　　　　B. 两同轴圆柱
   C. 圆形或球形　　　　　　　　　D. 圆形或圆柱形

45. 关于配合公差，下列说法错误的是（　　）。
   A. 配合公差是对配合松紧变动程度所给定的允许值
   B. 配合公差反映了配合松紧程度
   C. 配合公差等于相配合的孔公差与轴公差之和
   D. 配合公差等于极限盈隙的代数差的绝对值

46. 国家标准规定优先选用基孔制配合的原因是（　　）。
   A. 因为孔比轴难加工
   B. 因为从工艺上讲，应先加工孔，后加工轴
   C. 为了减少定尺寸孔用刀、量具的规格和数量
   D. 为了减少孔和轴的公差带数量

47. 在下列情况中，不能采用基轴制配合的是（　　）。
   A. 滚动轴承外圈与壳体孔的配合
   B. 柴油机中活塞连杆组件的配合
   C. 滚动轴承内圈与转轴轴颈的配合
   D. 采用冷拔圆型材作轴

48. 若某测量面对基准面的平行度误差为 0.08 mm，则其（　　）误差不大于 0.08 mm。
   A. 平面度　　　B. 对称度　　　C. 垂直度　　　D. 位置度

49. 圆跳动公差与全跳动公差的根本区别在于（　　）。

A. 圆跳动公差的数值比全跳动公差的数值小

B. 圆跳动公差带为平面上的区域，全跳动公差带为空间的区域

C. 圆跳动公差可用于圆锥面，而全跳动公差只能用于圆柱面

D. 被测要素是否绕基准连续旋转且零件和测量仪器间是否有轴向或径向的相对位移

50. 孔和轴的轴线的直线度公差带形状一般是（　　）。

  A. 两平行直线   B. 圆柱面

  C. 一组平行平面   D. 两组平行平面

51. 下列关于基孔制的描述中说法错误的是（　　）。

  A. 基孔制的孔是配合的基准件   B. 基准孔的基本偏差为上偏差

  C. 基准孔的上偏差为正值   D. 基准孔下偏差数值为零

52. 关于基轴制的描述中，下列选项不正确的是（　　）。

  A. 基轴制的轴是配合的基准件   B. 基准轴的基本偏差为下偏差

  C. 基准轴的上偏差数值为零   D. 基准孔下偏差为负值

53. 配合依其性质可分为间隙配合、过渡配合和过盈配合。关于间隙配合，下列说法正确的是（　　）。

  A. 孔的公差带总是位于轴的公差带上方

  B. 孔的公差带总是位于轴的公差带下方

  C. 孔的公差带总与轴的公差带有重合部分

  D. 常用于轴承和轴承套之间的配合

54. 配合依其性质可分为间隙配合、过渡配合和过盈配合。关于过渡配合，下列说法正确的是（　　）。

  A. 孔的公差带总是位于轴的公差带上方

  B. 孔的公差带总是位于轴的公差带下方

  C. 孔的公差带总与轴的公差带有重合部分

  D. 常用于轴承和轴承套之间的配合

55. 配合依其性质可分为间隙配合、过渡配合和过盈配合。关于过盈配合，下列说法正确的是（　　）。

  A. 孔的公差带总是位于轴的公差带上方

  B. 孔的公差带总是位于轴的公差带下方

  C. 孔的公差带总与轴的公差带有重合部分

  D. 常用于动配合

56. 普通螺纹的配合精度取决于(　　)。

    A. 公差等级与基本偏差

    B. 基本偏差与旋合长度

    C. 公差等级、基本偏差和旋合长度

    D. 公差等级和旋合长度

57. 若组成运动副的两构件间的相对运动是移动的,则这种运动副称为(　　)。

    A. 转动副　　　　B. 移动副　　　　C. 球面副　　　　D. 螺旋副

58. 平面连杆机构的特点是(　　)。

    A. 制造比较简单,容易实现常见的转动移动及其转换

    B. 结构简单紧凑,可以实现复杂的运动规律

    C. 结构简单,工作连续平稳,传动比大,承载能力强,易实现自锁

    D. 主动件做连续运动,从动件做周期性间歇运动

59. 凸轮机构的特点是(　　)。

    A. 制造比较简单,容易实现常见的转动移动及其转换

    B. 结构简单紧凑,可以实现复杂的运动规律

    C. 结构简单,工作连续平稳,传动比大,承载能力强,易实现自锁

    D. 主动件做连续运动,从动件做周期性间歇运动

60. 螺旋机构的特点是(　　)。

    A. 制造比较简单,容易实现常见的转动移动及其转换

    B. 结构简单紧凑,可以实现复杂的运动规律

    C. 结构简单,工作连续平稳,传动比大,承载能力强,易实现自锁

    D. 主动件做连续运动,从动件做周期性间歇运动

61. 棘轮机构的特点是(　　)。

    A. 制造比较简单,容易实现常见的转动移动及其转换

    B. 结构简单紧凑,可以实现复杂的运动规律

    C. 结构简单,工作连续平稳,传动比大,承载能力强,易实现自锁

    D. 主动件做连续运动,从动件做周期性间歇运动

62. 铰链四杆机构的死点位置发生在(　　)共线位置。

    A. 从动件与连杆　　　　　　　　　B. 从动件与机架

    C. 主动件与连杆　　　　　　　　　D. 主动件与机架

63. 铰链四杆机构中,若最短杆与最长杆长度之和小于其余两杆长度之和,则为了获得曲柄摇杆机构,其机架应取(　　)。

A. 最短杆 B. 最短杆的相邻杆

C. 最短杆的相对杆 D. 任何一杆

64. 主动件做连续运动,从动件做周期性间歇运动的机构,称为间歇运动机构。下列各种机构中,不属于间歇机构的是(　　)。

A. 棘轮机构 B. 槽轮机构

C. 凸轮机构 D. 不完全齿轮机构

65. 齿轮传动中,轮齿齿面的疲劳点蚀经常发生在(　　)。

A. 齿根部分 B. 靠近节线处的齿根部分

C. 齿顶部分 D. 靠近节线处的齿顶部分

66. 以下所列是金属切削机床机械传动常用的传动副。(　　)的优点是结构简单,制造方便,传动平稳,且有过载保护作用;缺点是传动比不准确,所占空间较大。

A. 皮带传动 B. 齿轮传动

C. 蜗轮蜗杆传动 D. 丝杆螺母传动

67. 以下所列是金属切削机床机械传动常用的传动副。(　　)的优点是降速比大,传动平稳,无噪声,结构紧凑,可以自锁;缺点是传动效率低,需要良好的润滑条件,制造复杂。

A. 皮带传动 B. 齿轮传动

C. 蜗轮蜗杆传动 D. 丝杆螺母传动

68. 以下所列是金属切削机床机械传动常用的传动副。(　　)可将回转运动变为直线运动,工作平稳,无噪声;缺点是传动效率低。

A. 皮带传动 B. 齿轮传动

C. 蜗轮蜗杆传动 D. 丝杆螺母传动

69. 在以下金属切削机床机械传动常用的传动副中,具有自锁功能的是(　　)。

A. 皮带传动 B. 齿轮传动

C. 蜗轮蜗杆传动 D. 丝杆螺母传动

70. 常用连接的螺纹是(　　)。

A. 三角形螺纹 B. 梯形螺纹

C. 锯齿形螺纹 D. 矩形螺纹

71. (　　)不是带轮传动的特点。

A. 两轴中心距较大 B. 传动平稳、无噪声

C. 有过载保护功能 D. 传动比准确

72. 带传动按传动原理可分为摩擦带传动和啮合带两类。属于啮合带传动的带传动

（　　）。

  A. 平带传动   B. V 带传动

  C. 圆带传动   D. 同步带传动

73. 带传动的主要失效形式是带的（　　）。

  A. 疲劳拉断和打滑   B. 磨损和胶合

  C. 胶合和打滑   D. 磨损和疲劳点蚀

74. 关于链传动运动特性的描述中，下列选项不正确的是（　　）。

  A. 平均传动比准确，传动效率较高，承载能力大

  B. 在同样使用条件下，结构尺寸较带传动紧凑

  C. 既可用于平行轴间的传动，也可用于非平行轴间的传动

  D. 工作时冲击和噪声较大，磨损后易发生跳齿

75. 当轴的转速较低，且只承受较大的径向载荷时，宜选用（　　）。

  A. 深沟球轴承   B. 推力球轴承

  C. 圆柱滚子轴承   D. 圆锥滚子轴承

76. 下列轴承中，同时承受径向力和轴向力的轴承是（　　）。

  A. 向心轴承   B. 推力轴承

  C. 角接触轴承   D. 单列向心球轴承

77. 下列传动比大而且准确的是（　　）。

  A. 带传动   B. 链传动   C. 齿轮传动   D. 蜗杆传动

78. 在键联结中，传递转矩大的是（　　）联结。

  A. 平键   B. 花键   C. 楔键   D. 半圆键

79. 平键连接是靠平键与键槽的（　　）接触传递扭矩。

  A. 两端圆弧面   B. 上、下平面   C. 下平面   D. 两侧面

80. 下列联轴器中，能补偿两轴的相对位移并可缓冲、吸振的是（　　）。

  A. 凸缘联轴器   B. 齿式联轴器

  C. 万向联轴器   D. 弹性柱销联轴器

81. 金属的强度是指（　　）。

  A. 金属材料抵抗塑性变形（永久变形）或断裂的能力

  B. 金属材料在断裂前发生不可逆永久变形的能力

  C. 金属材料抵抗局部变形、压痕或划痕的能力

  D. 金属材料抵抗冲击载荷作用而不破坏的能力

82. 金属的塑性是指（　　）。

A. 金属材料抵抗塑性变形(永久变形)或断裂的能力

B. 金属材料在断裂前发生不可逆永久变形的能力

C. 金属材料抵抗局部变形、压痕或划痕的能力

D. 金属材料抵抗冲击载荷作用而不破坏的能力

83. 金属的硬度是指(　　)。

 A. 金属材料抵抗塑性变形(永久变形)或断裂的能力

 B. 金属材料在断裂前发生不可逆永久变形的能力

 C. 金属材料抵抗局部变形、压痕或划痕的能力

 D. 金属材料抵抗冲击载荷作用而不破坏的能力

84. 金属的韧性是指(　　)。

 A. 金属材料抵抗塑性变形(永久变形)或断裂的能力

 B. 金属材料在断裂前发生不可逆永久变形的能力

 C. 金属材料抵抗局部变形、压痕或划痕的能力

 D. 金属材料抵抗冲击载荷作用而不破坏的能力

85. 下列属于金属物理性能的参数是(　　)。

 A. 强度　　　　B. 硬度　　　　C. 密度　　　　D. 韧性

86. 钢的品种繁多,按照用途可分为(　　)。

 A. 结构钢、工具钢和特殊性能钢等

 B. 低碳钢、中碳钢和高碳钢

 C. 普通质量钢、优质钢和高级优质钢

 D. 非合金钢、低合金钢和合金钢

87. 钢的品种繁多,按照含碳量多少可分为(　　)。

 A. 结构钢、工具钢和特殊性能钢等

 B. 低碳钢、中碳钢和高碳钢

 C. 普通质量钢、优质钢和高级优质钢

 D. 非合金钢、低合金钢和合金钢

88. 钢的品种繁多,按照钢中有害元素S、P的含量,把钢分为(　　)。

 A. 结构钢、工具钢和特殊性能钢等

 B. 低碳钢、中碳钢和高碳钢

 C. 普通质量钢、优质钢和高级优质钢

 D. 非合金钢、低合金钢和合金钢

89. 钢的品种繁多,按合金元素含量的多少分为(　　)。

A. 结构钢、工具钢和特殊性能钢等

B. 低碳钢、中碳钢和高碳钢

C. 普通质量钢、优质钢和高级优质钢

D. 非合金钢、低合金钢和合金钢

90. 碳素钢是含碳量为（   ）的铁碳合金。

    A. 小于 0.021 8%　　　　　　　　B. 0.021 8%～2.11%

    C. 大于 0.7%　　　　　　　　　　D. 2.5%～4.0%

91. 碳素工具钢的含碳量为（   ）。

    A. 小于 0.021 8%　　　　　　　　B. 0.021 8%～2.11%

    C. 大于 0.7%　　　　　　　　　　D. 2.5%～4.0%

92. 铸铁是含碳量为（   ）的铁碳合金。

    A. 小于 0.021 8%　　　　　　　　B. 0.021 8%～2.11%

    C. 大于 0.7%　　　　　　　　　　D. 2.5%～4.0%

93. 下列金属材料牌号中，（   ）属于有色合金。

    A. 60Si2Mn　　　B. GGr15　　　C. Q460　　　D. QA17

94. 下列金属材料牌号中，（   ）属于合金结构钢。

    A. HPb59－1　　　B. H70　　　C. Q460　　　D. QA17

95. HT200 表示一种（   ）。

    A. 黄铜　　　　B. 合金钢　　　　C. 灰铸铁　　　　D. 化合物

96. HT250 中的"250"是指（   ）。

    A. 抗弯强度 250 MPa　　　　　　B. 抗弯强度 250 kg

    C. 抗拉强度 250 MPa　　　　　　D. 抗拉强度 250 kg

97. 黄铜是（   ）。

    A. 铜与锡的合金　　　　　　　　B. 铜与铝的合金

    C. 铜与锌的合金　　　　　　　　D. 纯铜

98. 下列材料中，属于合金弹簧钢的是（   ）。

    A. 60Si2MnA　　　B. ZGMn13－1　　　C. Cr12MoV　　　D. 2Cr13

99. 当钢材的硬度在（   ）范围内时，其加工性能较好。

    A. 20～40HRC　　B. 160～230HBS　　C. 58～64HRC　　D. 500～550HBW

100. 45 钢退火后的硬度通常采用（   ）硬度试验法来测定。

    A. 洛氏　　　　B. 布氏　　　　C. 维氏　　　　D. 肖氏

101. 下列材料中，塑性最好的是（   ）。

A. 纯铜　　　　B. 铸铁　　　　C. 中碳钢　　　　D. 高碳钢

102. 以下是几种常见的毛坯种类，对于受力复杂的重要钢制零件，其力学性能要求较高，应选择（　　）毛坯。

A. 铸件　　　　B. 锻件　　　　C. 型材　　　　D. 焊接件

103. 图纸中技术要求项中"热处理：C45"表示（　　）。

A. 淬火硬度为 HRC45　　　　B. 退火硬度为 HRB450

C. 正火硬度为 HRC45　　　　D. 调质硬度为 HRC45

104. 零件渗碳后，一般需经（　　）处理，才能达到表面高硬度及高耐磨的作用。

A. 淬火＋低温回火　　　　B. 正火

C. 调质　　　　D. 淬火

105. 退火的目的是（　　）。

A. 降低硬度，提高塑性

B. 改善低碳钢和低碳合金钢的切削加工性

C. 提高钢的强度和硬度

D. 减小或消除工件的内应力

106. 正火的目的是（　　）。

A. 降低硬度，提高塑性

B. 改善低碳钢和低碳合金钢的切削加工性

C. 提高钢的强度和硬度

D. 减小或消除工件的内应力

107. 淬火的目的是（　　）。

A. 降低硬度，提高塑性

B. 改善低碳钢和低碳合金钢的切削加工性

C. 提高钢的强度和硬度

D. 减小或消除工件的内应力

108. 回火的目的是（　　）。

A. 降低硬度，提高塑性

B. 改善低碳钢和低碳合金钢的切削加工性

C. 提高钢的强度和硬度

D. 减小或消除工件的内应力

109. 表面淬火适用于（　　）。

A. 低碳钢和低碳合金钢　　　　B. 中碳钢和中碳合金钢

C. 高碳钢和高碳合金钢　　　　　　D. 各种含碳量的碳钢

110. 关于表面淬的表述，下列选项不正确的是（　　）。

　　A. 提高零件表面硬度和耐磨性　　B. 保证零件心部原有的韧性和塑性

　　C. 特别适用于低碳钢　　　　　　D. 用于高碳钢，容易淬裂

111. 不仅改变钢的组织，而且钢表层的化学成分也发生变化的热处理是（　　）。

　　A. 火焰加热表面淬火　　　　　　B. 淬火

　　C. 感应加热表面淬火　　　　　　D. 渗碳、渗氮

112. 高精度的零件，一般在粗加工之后，精加工之前进行（　　），减少或消除工件内应力。

　　A. 时效处理　　B. 淬火处理　　C. 回火处理　　D. 高频淬火

113. 端铣刀（　　）的主要作用是减小副切削刃与已加工表面的摩擦，其大小将影响副切削刃对已加工表面的修光作用。

　　A. 前角　　　　B. 后角　　　　C. 主偏角　　　D. 副偏角

114. 高速切削时应使用（　　）类刀柄。

　　A. BT40　　　 B. CAT40　　　 C. JT40　　　　D. HSK63A

115. 对长期反复使用、加工大批量零件的情况，以配备（　　）刀柄为宜。

　　A. 整体式结构　　　　　　　　　B. 模块式结构

　　C. 增速刀柄　　　　　　　　　　D. 内冷却刀柄

116. 代号 TQW 表示（　　）。

　　A. 倾斜型微调镗刀　　　　　　　B. 倾斜型粗镗刀

　　C. 整体式数控刀具系统　　　　　D. 模块式数控刀具系统

117. 高速铣削刀具的装夹方式不宜采用（　　）。

　　A. 液压夹紧式　　　　　　　　　B. 弹性夹紧式

　　C. 侧固式　　　　　　　　　　　D. 热膨胀式

118. 铣刀主刀刃与轴线之间的夹角称为（　　）。

　　A. 螺旋角　　　B. 前角　　　　C. 后角　　　　D. 主偏角

119. 在自动换刀机床的刀具自动夹紧装置中，刀杆通常采用（　　）的大锥度锥柄。

　　A. 7∶24　　　 B. 8∶20　　　 C. 6∶20　　　 D. 5∶20

120. 麻花钻直径大于 13 mm 时，刀柄一般做成（　　）。

　　A. 直柄　　　　B. 两体　　　　C. 莫氏锥柄　　D. 直柄或锥柄

121. 为了保证钻孔时钻头的定心作用，钻头在刃磨时应修磨（　　）。

　　A. 横刃　　　　B. 前刀面　　　C. 后刀面　　　D. 棱边

122. 切削刃形状复杂的刀具，适宜用（　　）材料制造。

　　A. 硬质合金　　B. 人造金刚石　　C. 陶瓷　　D. 高速钢

123. （　　）不能冷热加工成形，刀片压制烧结后无须热处理就可使用。

　　A. 碳素工具钢　　　　　　B. 低合金刃具钢

　　C. 高速钢　　　　　　　　D. 硬质合金

124. YG8 硬质合金，其中数字 8 表示（　　）含量的百分数。

　　A. 碳化钨　　B. 钴　　C. 钛　　D. 碳化钛

125. YT15 硬质合金，其中数字 15 表示（　　）含量的百分数。

　　A. 碳化钨　　B. 钴　　C. 钛　　D. 碳化钛

126. 关于数控加工的刀具材料的表述，下列选项正确的是（　　）。

　　A. 高速钢的强度和韧性比硬质合金差

　　B. 刀具涂层可提高韧性

　　C. 立方氮化硼的韧性优于金刚石

　　D. 立方氮化硼的硬度高于金刚石

127. 国际标准化组织[ISO513－1975(E)]规定，将切削加工用硬质合金分为 P、M 和 K 三大类，其中 M 类相当于我国的（　　）类硬质合金。

　　A. YG　　B. YT　　C. YW　　D. YZ

128. 国际标准化组织[ISO513－1975(E)]规定，将切削加工用硬质合金分为 P、M 和 K 三大类，其中 P 类相当于我国的（　　）类硬质合金。

　　A. YG　　B. YT　　C. YW　　D. YZ

129. 国际标准化组织[ISO513－1975(E)]规定，将切削加工用硬质合金分为 P、M 和 K 三大类，其中 K 类相当于我国的（　　）类硬质合金。

　　A. YG　　B. YT　　C. YW　　D. YZ

130. 铣削难加工材料，衡量铣刀磨损程度时，以（　　）刀具磨损为准。

　　A. 前刀面　　B. 后刀面　　C. 主切削刃　　D. 副切削刃

131. 关于 CVD 涂层的表述，下列选项不正确的是（　　）。

　　A. CVD 表示化学气相沉积

　　B. CVD 是在 700 ℃～1 050 ℃高温的环境下通过化学反应获得的

　　C. CVD 涂层具有高耐磨性

　　D. CVD 对高速钢有极强的黏附性

132. 关于 CVD 涂层的表述，下列选项不正确的是（　　）。

A. CVD 表示化学气相沉积

B. CVD 是在 400 ℃～600 ℃的较低温度下形成

C. CVD 涂层具有高耐磨性

D. CVD 对硬质合金有极强的黏附性

133. 低速切削刀具(如拉刀、板牙和丝锥等)的主要磨损形式为(　　)。

A. 硬质点磨损　　B. 粘接磨损　　C. 扩散磨损　　D. 化学磨损

134. 装配式复合刀具由于增加了机械连接部位,刀具的(　　)会受到一定程度的影响。

A. 红硬性　　B. 硬度　　C. 工艺性　　D. 刚性

135. 在加工内圆弧面时,刀具半径的选择应该是(　　)圆弧半径。

A. 大于　　B. 小于　　C. 等于　　D. 大于或等于

136. 与 45 钢相比,不锈钢属于难切削材料。加工不锈钢时,刀具材料不宜选用(　　)。

A. 高性能高速钢　　　　B. YT 类硬质合金

C. YG 类硬质合金　　　　D. YW 类硬质合金

137. 采用金刚石涂层的刀具不能加工(　　)零件。

A. 钛合金　　B. 黄铜　　C. 铝合金　　D. 碳素钢

138. 专用刀具主要针对(　　)生产中遇到的问题,提高产品质量和加工的效率,降低客户的加工成本。

A. 单件　　B. 批量　　C. 维修　　D. 小量

139. 数控刀具的特点(　　)。

A. 刀柄及刀具切入的位置和方向的要求不高

B. 刀片和刀柄高度的通用化、规则化和系列化

C. 整个数控工具系统自动换刀系统的优化程度不高

D. 对刀具柄的转位、装拆和重复精度的要求不高

140. 数控铣床的基本控制轴数是(　　)。

A. 一轴　　B. 二轴　　C. 三轴　　D. 四轴

141. 适宜加工形状特别复杂(如曲面叶轮)、精度要求较高的零件的数控机床是(　　)。

A. 两坐标轴　　B. 三坐标轴　　C. 多坐标轴　　D. 2.5 坐标轴

142. 曲率变化不大,精度要求不高的曲面轮廓,宜采用(　　)。

A. 四轴联动加工　　　　B. 三轴联动加工

C. 两轴半加工 D. 两轴联动加工

143. 主机是数控铣床的机械部件,包括床身、( )、工作台(包括 X、Y、Z 方向滑板)、进给机构等。

    A. 主轴箱　　　B. 反馈系统　　　C. 伺服系统　　　D. 溜板箱

144. 立式五轴加工中心的回转轴有两种方式,工作台回转轴和主轴头回转轴。其中采用工作台回转轴的优势是( )。

    A. 主轴加工非常灵活

    B. 工作台可以设计的非常大

    C. 主轴刚性非常好,制造成本比较低

    D. 可使球头铣刀避开顶点切削,保证有一定的线速度,提高表面加工质量

145. 立式五轴加工中心的回转轴有两种方式,工作台回转轴和主轴头回转轴。其中采用主轴头回转轴的优势是( )。

    A. 主轴的结构比较简单,主轴刚性非常好

    B. 工作台不能设计的非常大

    C. 制造成本比较低

    D. 可使球头铣刀避开顶点切削,保证有一定的线速度,提高表面加工质量

146. ( )可以实现一次装夹完成工件五面体加工。

    A. 立式加工中心借助分度台　　　B. 卧式加工中心借助分度台

    C. 卧式加工中心借助回转工作台　　D. 五轴加工中心

147. 一般四轴卧式加工中心所带的旋转工作台为( )。

    A. A 轴　　　B. B 轴　　　C. C 轴　　　D. V 轴

148. 卧式加工中心传动装置有( )、静压蜗轮蜗杆副、预加载荷双齿轮—齿条。

    A. 丝杠螺母　　B. 曲轴连杆　　C. 凸轮顶杆　　D. 滚珠丝杠

149. 对于有特殊要求的数控铣床,还可以加进一个回转的( )坐标或 C 坐标,即增加一个数控分度头或数控回转工作台,这时机床的数控系统为四坐标的数控系统。

    A. Z　　　B. A　　　C. W　　　D. V

150. 关于分度工作台的表述,下列选项错误的是( )。

    A. 能在一次装夹中完成多工序加工

    B. 能在一次装夹中完成多个面的加工

    C. 可在切削状态下将工件旋转一定的角度

    D. 只能完成规定角度的分度运动

二、判断题

1. (   )给回扣是一种不正当的竞争行为，违反了职业道德。

2. (   )职业道德修养要从培养自己良好的行为习惯着手。

3. (   )市场经济条件下，应该树立多转行、多学知识、多长本领的择业观念。

4. (   )具有竞争意识而没有团队合作的员工往往更容易获得成功的机会。

5. (   )职业道德是人们在从事职业的过程中形成的一种内在的、非强制性的约束机制。

6. (   )职业道德主要通过调节企业与市场的关系，增强企业的凝聚力。

7. (   )办事公道对企业活动的意义是使企业赢得市场、生存和发展的重要条件。

8. (   )职业纪律包括劳动纪律、保密纪律、财经纪律、组织纪律等。

9. (   )在绘制剖视图时，如果是按投影关系配置，则可省略标注。

10. (   )表达一个零件，必须画出主视图，其余视图和图形按需选用。

11. (   )当剖切平面通过机件的肋和薄壁等结构的厚度对称平面（即纵向剖切）时，这些结构按不剖绘制。

12. (   )三视图的投影规律是：主视图与俯视图宽相等；主视图与左视图高平齐；俯视图与左视图长对正。

13. (   )机械制图中标注绘图比例为 2∶1，表示所绘制图形是放大的图形，其绘制的尺寸是零件实物尺寸的 2 倍。

14. (   )零件的每一尺寸，一般只标注一次，并应标注在反应该结构最清晰的图形上。

15. (   )一个完整尺寸包含的四要素为尺寸线、尺寸数字、尺寸公差和箭头。

16. (   )尺寸标注不应封闭。

17. (   )剖面图要画在视图以外，一般配置在剖切位置的延长线上，有时可以省略标注。

18. (   )测绘时，对零件上因制造中产生的缺陷，如铸件的砂眼、气孔等都应在草图上画出。

19. (   )√ 表示用非去除法获得表面粗糙度 Ra 上限值为 $3.2\ \mu m$。

20. (   )零件图是指导制造、加工零件的技术文件，它表示零件的结构形状、大小、有关的工艺要求和技术要求。

21. (   )$\phi 70F6$ 的含义是基轴制的孔，公差等级为 IT6。

22. (   )孔的形状精度主要有圆度和圆柱度。

23. (   )在基轴制中，经常用钻头、铰刀、量规等定值刀具和量具，有利于生产和降低成本。

24.（　）实际尺寸相同的两副过盈配合件，表面粗糙度小的具有较大的实际过盈量，可取得较大的连接强度。

25.（　）表面粗糙度高度参数 Ra 值越大，表示表面粗糙度要求越高；Ra 值越小，表示表面粗糙度要求越低。

26.（　）零件图未注出公差的尺寸，就是没有公差要求的尺寸。

27.（　）形位公差用于限制零件的尺寸误差。

28.（　）过盈配合零件表面粗糙度值应该选小为好。

29.（　）孔轴过渡配合中，孔的公差带与轴的公差带相互交叠。

30.（　）配合公差的数值越小，则相互配合的孔、轴的尺寸精度等级越高。

31.（　）标准齿轮分度圆上的齿形角 $\alpha=20°$。

32.（　）轮系中使用惰轮既可变速也可变向。

33.（　）销在机械中除起到连接作用外，还可起定位和保险作用。

34.（　）基圆相同，渐开线形状相同；基圆越大，渐开线越弯曲。

35.（　）普通三角螺纹的牙型角是 $55°$。

36.（　）滚珠丝杠属于螺旋传动机构。

37.（　）采用轮廓控制系统的数控机床必须使用闭环控制系统。

38.（　）一般情况下，螺旋机构是将螺旋运动转化为直线运动。

39.（　）机构中所有运动副均为高副的机构才是高副机构。

40.（　）为增强连接紧密性，连接螺纹大多采用多线三角形螺纹。

41.（　）影响疲劳极限的主要因素是应力集中、零件尺寸和表面质量等。零件尺寸越大，零件疲劳强度越低；表面质量越差，应力集中越严重，越容易出现塑性变形。

42.（　）由于不锈钢的强度和硬度较高，因此属于难切削材料。

43.（　）金属的性能是指金属固有的属性，包括密度、熔点、导热性、导电性、热膨胀性和磁性等。

44.（　）不锈钢的切削特点是塑性大，强度和硬度并不高，但加工硬化严重。

45.（　）对工件进行热处理，使之达到所需要的化学性能的过程称为热处理工艺过程。

46.（　）淬火后的钢，随回火温度的增高，其强度和硬度也增高。

47.（　）刀具磨损可分为初期磨损、正常磨损、急剧磨损三种形式。

48.（　）先进硬质合金刀具，尤其是有涂层保护的刀具，在高速高温下使用时，添加切削液更有效率。

49.（　）硬质合金中含钴量越多,刀片的硬度越高。
50.（　）切削速度会显著地影响刀具寿命。
51.（　）金刚石刀具主要用于黑色金属的加工。
52.（　）铣削平面零件外轮廓表面时,一般是采用端铣刀。
53.（　）直齿三面刃铣刀的刀齿在圆柱面上与铣刀轴线平行,铣刀制造容易,但铣削时振动较大。
54.（　）数控机床对刀具材料的基本要求是高的硬度、高的耐磨性、高的红硬性和足够的强度和韧性。
55.（　）在铣削宽度不太宽的台阶时,常采用三面刃铣刀进行加工。
56.（　）用面铣刀铣平面时,其直径尽可能取较大值,这样可提高铣削效率。
57.（　）用平面铣刀铣削平面时,当平面铣刀直径小于工件宽度时,建议每次铣削的最大宽度不要超过刀具直径的75%。
58.（　）用平面铣刀铣削平面时,若平面铣刀直径小于工件宽度,为提高效率,建议每次铣削的最大宽度等于刀具直径。
59.（　）铣削时若发现切屑不易排出,可改用较大螺旋角的铣刀。
60.（　）工件材料强度和硬度较高时,为保证刀刃强度,应采取较小前角。
61.（　）切削铸铁等脆性材料,宜选用 YG 硬质合金。
62.（　）标准麻花钻的横刃斜角为 50°～55°。
63.（　）深孔麻花钻在结构上,通过加大螺旋角、增大钻心厚度、改善刃沟槽形、选用合理的几何角度和修磨钻心处等形式,较好地解决了排屑、导向、刚度等深孔加工时的关键技术。
64.（　）铰刀的齿槽有螺旋槽和直槽两种。其中直槽铰刀切削平稳、振动小、寿命长、铰孔质量好,尤其适用于铰削轴向带有键槽的孔。
65.（　）螺旋槽铰刀有右旋和左旋之分。其中右旋槽铰刀适用于铰削盲孔。
66.（　）螺旋槽铰刀有右旋和左旋之分。其中左旋槽铰刀适用于铰削通孔。
67.（　）尺寸链封闭环的基本尺寸,是其他组成环基本尺寸的代数差。
68.（　）尺寸链按功能分为装配尺寸链和工艺尺寸链。
69.（　）刀片及刀柄对机床主轴的相对位置的要求高是数控刀具的特点之一。
70.（　）工艺尺寸链中封闭环的确定是随着零件的加工方案的变化而改变。
71.（　）单件、小批生产宜选用工序集中原则。
72.（　）在工件上既有平面需要加工,又有孔需要加工时,可采用先加工孔,后加工平面的加工顺序。

73. (　)工件表面有硬皮存在时宜采用逆铣。
74. (　)用分布于铣刀端平面上的刀齿进行的铣削称为周铣,用分布于铣刀圆柱面上的刀齿进行的铣削称为端铣。
75. (　)用球头铣刀行切加工曲面,为了减小表面粗糙度值,应该尽量使行切间隔一致。
76. (　)为了提高面铣刀精加工平面的表面质量,应该尽可能把每个刀片都调到同一高度。
77. (　)用圆柱铣刀逆铣时,作用在工件上的垂直铣削力在切削时是向上的,有把工件从夹具中拉出的趋势。
78. (　)基准面与工作台台面垂直装夹工件,用端铣刀铣削斜面时,立铣头应扳转的角度应等于斜面倾斜角度,即 $\alpha=\beta$。
79. (　)因为试切法的加工精度较高,所以主要用于大批、大量生产。
80. (　)从螺纹的粗加工到精加工,主轴的转速必须保证恒定。
81. (　)铰孔余量太小时不能全部切去上道工序的加工痕迹,同时由于刀齿不能连续切削而沿孔壁打滑,使孔壁的质量下降。
82. (　)攻螺纹前的底孔直径大,会引起丝锥折断。
84. (　)加工深孔时,要采用分级进给的方法,以防钻头折断。
85. (　)镗削加工中,刀具的旋转运动是主运动,工件的移动是进给运动。
86. (　)切削时的切削热大部分由切屑带走。
87. (　)在金属切削过程中都会产生积屑瘤。
88. (　)铣削难加工材料时的铣削用量应比狭小普通钢材的铣削用量适当减少。
89. (　)工件在夹具中定位,有六个定位支承点就消除了六个自由度,即为完全定位。
90. (　)工件夹紧后,工件的六个自由度都被限制了。
91. (　)箱体零件精加工的夹具要求定位精度高,夹紧力合理分布,既要足以抵抗切削力,又不使工件在定位夹紧和加工中变形,所以采用一面两销定位。
92. (　)夹紧力的作用点应远离工件加工表面,这样才便于加工。
93. (　)基面先行原则是将用来定位装夹的精基准的表面应优先加工出来。
94. (　)孔系组合夹具比槽系组合夹具的刚度好、定位精度高。
95. (　)装配时用来确定零件或部件在产品中相对位置所采用的基准,称为定位基准。

96.（　　）工件以两销一平面定位时,其两销中的平行削边销的销边面应与两孔的连线成垂直状。

97.（　　）在完全定位中,通常要选几个表面为定位基准,不论其定位基准面大小,限制自由度最多的那个基面即为主要定位基面。

98.（　　）在工件定位过程中应尽量避免超定位,因为超定位可能会导致工件变形,增加加工误差。

99.（　　）在批量生产的情况下,用直接找正装夹工件比较合适。

100.（　　）工件在夹具中与各定位元件接触,虽然没有夹紧尚可移动,但由于其已取得确定的位置,所以可以认为工件已定位。

101.（　　）因为毛坯表面的重复定位精度差,所以粗基准一般只能使用一次。

102.（　　）定位元件与机床上安装夹具的装夹面之间的位置不准确所引起的误差,称为安装误差。

103.（　　）多轴机床中的A、B、C轴分别与X、Y、Z轴相互平行。

104.（　　）数控机床是在普通机床的基础上将普通电气装置更换成CNC控制装置。

105.（　　）加工中心适宜于加工复杂、工序多,加工精度要求较高,且经多次装夹和调整的零件。

106.（　　）五面加工中心具有立式和卧式加工中心的功能,通过回转工作台的旋转和主轴头的旋转,能在工件一次装夹后,完成除安装面以外的所有五个面的加工。

107.（　　）主轴准停装置的作用是当主轴停止时,控制其停于固定的位置,这是自动换刀所必需的功能。

108.（　　）数控机床由输入/输出装置、数控装置、驱动控制装置、机床电器逻辑控制装置四部分组成。

109.（　　）在开环系统中,丝杠副的接触变形将影响重复定位精度。

110.（　　）半闭环和全闭环位置反馈系统的根本差别在于位置传感器安装的位置不同,半闭环的位置传感器安装在工作台上,全闭环的位置传感器安装在电机的轴上。

111.（　　）采用顺铣,必须要求铣床工作台进给丝杠螺母副有消除侧向间隙机构,或采取其他有效措施。

112.（　　）数控机床发生故障时,按系统复位(RESET)键的处理方法,可排除因操作不当引起的软故障。

113.（　　）日常对机床进行预防性维护保养的宗旨是延长元器件的使用寿命,延长机械部件的磨损周期，防止意外事故的发生，争取机床长时间稳定的工作。

114. （　）设备的正常使用和做好设备的日常修理和维护保养工作，是使设备寿命周期费用经济合理和充分发挥设备综合效率的重要保证。

115. （　）用内径百分表测量内孔时，必须摆动内径百分表，所得最大尺寸是孔的实际尺寸。

116. （　）外径千分尺的测量精度可达千分之一毫米。

117. （　）用塞规可以直接测量出孔的实际尺寸。

118. （　）机床的几何精度、传动精度和定位精度，通常是在没有切削载荷以及机床不运动或运动速度较低的情况下检测的，故称为机床的静态精度。

119. （　）数控机床切削精度检验又称为动态精度检验。

120. （　）对于不同的 CNC 控制器，编辑软件需要使用不同的后置处理程序。

参 考 答 案

一、选择题

1. B	2. B	3. C	4. B	5. C	6. B	7. C	8. C
9. C	10. A	11. B	12. B	13. A	14. C	15. A	16. C
17. B	18. C	19. D	20. D	21. B	22. C	23. D	24. A
25. D	26. B	27. C	28. B	29. B	30. B	31. B	32. B
33. C	34. A	35. A	36. B	37. D	38. A	39. B	40. C
41. C	42. C	43. C	44. D	45. D	46. C	47. C	48. A
49. D	50. B	51. B	52. B	53. A	54. C	55. B	56. C
57. B	58. A	59. B	60. C	61. D	62. A	63. B	64. C
65. B	66. A	67. C	68. D	69. C	70. A	71. D	72. D
73. A	74. C	75. C	76. C	77. D	78. B	79. D	80. D
81. A	82. B	83. C	84. D	85. C	86. A	87. B	88. C
89. D	90. B	91. C	92. B	93. D	94. C	95. C	96. C
97. C	98. A	99. B	100. B	101. A	102. B	103. A	104. A
105. A	106. B	107. C	108. D	109. B	110. C	111. D	112. A
113. D	114. D	115. A	116. A	117. C	118. A	119. A	120. C
121. A	122. D	123. D	124. B	125. D	126. C	127. C	128. B
129. A	130. B	131. D	132. B	133. A	134. D	135. B	136. B
137. D	138. B	139. B	140. C	141. C	142. C	143. A	144. C
145. D	146. D	147. B	148. D	149. B	150. C		

二、判断题

1. √	2. √	3. ×	4. ×	5. √	6. ×	7. √	8. √
9. ×	10. √	11. √	12. ×	13. √	14. √	15. ×	16. √
17. ×	18. ×	19. ×	20. √	21. ×	22. √	23. ×	24. √
25. ×	26. ×	27. √	28. √	29. √	30. √	31. √	32. ×
33. √	34. ×	35. ×	36. √	37. ×	38. √	39. ×	40. ×
41. ×	42. ×	43. √	44. √	45. ×	46. ×	47. ×	48. ×
49. ×	50. √	51. √	52. √	53. √	54. √	55. √	56. ×
57. √	58. ×	59. √	60. √	61. √	62. √	63. √	64. ×

65. √	66. √	67. ×	68. ×	69. √	70. √	71. √	72. ×
73. √	74. ×	75. ×	76. ×	77. √	78. √	79. ×	80. √
81. √	82. ×	83. ×	84. √	85. √	86. √	87. ×	88. √
89. ×	90. ×	91. √	92. ×	93. √	94. √	95. ×	96. √
97. √	98. √	99. ×	100. √	101. √	102. √	103. ×	104. ×
105. √	106. √	107. √	108. ×	109. √	110. ×	111. √	112. √
113. √	114. √	115. √	116. ×	117. ×	118. √	119. √	120. √

附录二

《数控铣工国家职业标准》

1 职业概况

1.1 职业名称

数控铣工。

1.2 职业定义

从事编制数控加工程序并操作数控铣床进行零件铣削加工的人员。

1.3 职业等级

本职业共设四个等级,分别为:中级(国家职业资格四级)、高级(国家职业资格三级)、技师(国家职业资格二级)、高级技师(国家职业资格一级)。

1.4 职业环境

室内、常温。

1.5 职业能力特征

具有较强的计算能力和空间感,形体知觉及色觉正常,手指、手臂灵活,动作协调;具有较强的数控铣削加工程序编制能力;能够操作数控铣床进行零件加工;能对数控铣床进行日常维护和保养;能遵守数控铣工操作规范。

1.6 培训场地设备

满足教学要求的标准教室、计算机机房及配套的软件、数控铣床及必要的刀具、夹具、量具和辅助设备等。

1.7 鉴定方式

分为理论知识考试和技能操作考核。理论知识考试采用闭卷方式;技能操作(含软件应用)考核采用现场实际操作和计算机软件操作方式。理论知识考试和技能操作(含软件应用)考核均实行百分制,成绩皆达60分以上者为合格。技师和高级技师还需进行综合评审。

1.8 鉴定时间

理论知识考试为120分钟,技能操作考核中实操时间为:中级、高级不少于240分钟,技师和高级技师不少于 300 分钟，技能操作考核中软件应用考试时间为不超过 120 分钟，技师和高级技师的综合评审时间不少于 45 分钟。

1.9 鉴定场所设备

理论知识考试在标准教室里进行，软件应用考试在计算机机房进行，技能操作考核在配备必要的数控铣床及必要的刀具、夹具、量具和辅助设备的场所进行。

2 基本要求

2.1 职业道德

2.1.1 职业道德基本知识

2.1.2 职业守则

(1) 遵守国家法律、法规和有关规定。

(2) 具有高度的责任心、爱岗敬业、团结合作。

(3) 严格执行相关标准、工作程序与规范、工艺文件和安全操作规程。

(4) 学习新知识新技能、勇于开拓和创新。

(5) 爱护设备、系统及工具、夹具、量具。

(6) 着装整洁，符合规定；保持工作环境清洁有序，文明生产。

2.2 基础知识

2.2.1 基础理论知识

(1) 机械制图。

(2) 工程材料及金属热处理知识。

(3) 机电控制知识。

(4) 计算机基础知识。

(5) 专业英语基础。

2.2.2 机械加工基础知识

(1) 机械原理。

(2) 常用设备知识（分类、用途、基本结构及维护保养方法）。

(3) 常用金属切削刀具知识。

(4) 典型零件加工工艺。

(5) 设备润滑和冷却液的使用方法。

(6) 工具、夹具、量具的使用与维护知识。

(7) 铣工、镗工基本操作知识。

2.2.3 安全文明生产与环境保护知识

(1) 安全操作与劳动保护知识。

(2) 文明生产知识。

(3)环境保护知识。

2.2.4　质量管理知识

(1)企业的质量方针。

(2)岗位质量要求。

(3)岗位质量保证措施与责任。

2.2.5　相关法律、法规知识

(1)劳动法的相关知识。

(2)环境保护法的相关知识。

(3)知识产权保护法的相关知识。

3　工作要求

本标准对中级、高级、技师和高级技师的技能要求依次递进，高级别涵盖低级别的要求。

3.1　中级

职业功能	工作内容	技能要求	相关知识
一、加工准备	(一)读图与绘图	1. 能读懂中等复杂程度(如：凸轮、壳体、板状、支架)的零件图 2. 能绘制有沟槽、台阶、斜面、曲面的简单零件图 3. 能读懂分度头尾架、弹簧夹头套筒、可转位铣刀结构等简单机构装配图	1. 复杂零件的表达方法 2. 简单零件图的画法 3. 零件三视图、局部视图和剖视图的画法
	(二)制定加工工艺	1. 能读懂复杂零件的铣削加工工艺文件 2. 能编制由直线、圆弧等构成的二维轮廓零件的铣削加工工艺文件	1. 数控加工工艺知识 2. 数控加工工艺文件的制定方法
	(三)零件定位与装夹	1. 能使用铣削加工常用夹具(如压板、虎钳、平口钳等)装夹零件 2. 能够选定定位基准，并找正零件	1. 常用夹具的使用方法 2. 定位与夹紧的原理和方法 3. 零件找正的方法
	(四)刀具准备	1. 能够根据数控加工工艺文件选择、安装和调整数控铣床常用刀具 2. 能根据数控铣床特性、零件材料、加工精度、工作效率等选择刀具和刀具几何参数，并确定数控加工需要的切削参数和切削用量 3. 能够利用数控铣床的功能，借助通用量具或对刀仪测量刀具的半径及长度 4. 能选择、安装和使用刀柄 5. 能够刃磨常用刀具	1. 金属切削与刀具磨损知识 2. 数控铣床常用刀具的种类、结构、材料和特点 3. 数控铣床、零件材料、加工精度和工作效率对刀具的要求 4. 刀具长度补偿、半径补偿等刀具参数的设置知识 5. 刀柄的分类和使用方法 6. 刀具刃磨的方法

续表

职业功能	工作内容	技能要求	相关知识
二、数控编程	（一）手工编程	1. 能编制由直线、圆弧组成的二维轮廓数控加工程序 2. 能够运用固定循环、子程序进行零件的加工程序编制	1. 数控编程知识 2. 直线插补和圆弧插补的原理 3. 节点的计算方法
	（二）计算机辅助编程	1. 能够使用CAD/CAM软件绘制简单零件图 2. 能够利用CAD/CAM软件完成简单平面轮廓的铣削程序	1. CAD/CAM软件的使用方法 2. 平面轮廓的绘图与加工代码生成方法
三、数控铣床操作	（一）操作面板	1. 能够按照操作规程启动及停止机床 2. 能使用操作面板上的常用功能键（如回零、手动、MDI、修调等）	1. 数控铣床操作说明书 2. 数控铣床操作面板的使用方法
	（二）程序输入与编辑	1. 能够通过各种途径（如DNC、网络）输入加工程序 2. 能够通过操作面板输入和编辑加工程序	1. 数控加工程序的输入方法 2. 数控加工程序的编辑方法
	（三）对刀	1. 能进行对刀并确定相关坐标系 2. 能设置刀具参数	1. 对刀的方法 2. 坐标系的知识 3. 建立刀具参数表或文件的方法
	（四）程序调试与运行	能够进行程序检验、单步执行、空运行并完成零件试切	程序调试的方法
	（五）参数设置	能够通过操作面板输入有关参数	数控系统中相关参数的输入方法
四、零件加工	（一）平面加工	能够运用数控加工程序进行平面、垂直面、斜面、阶梯面等的铣削加工，并达到如下要求： (1) 尺寸公差等级达IT7级 (2) 形位公差等级达IT8级 (3) 表面粗糙度达$Ra3.2\ \mu m$	1. 平面铣削的基本知识 2. 刀具端刃的切削特点
	（二）轮廓加工	能够运用数控加工程序进行由直线、圆弧组成的平面轮廓铣削加工，并达到如下要求： (1) 尺寸公差等级达IT8级 (2) 形位公差等级达IT8级 (3) 表面粗糙度达$Ra3.2\ \mu m$	1. 平面轮廓铣削的基本知识 2. 刀具侧刃的切削特点

续表

职业功能	工作内容	技能要求	相关知识
四、零件加工	（三）曲面加工	能够运用数控加工程序进行圆锥面、圆柱面等简单曲面的铣削加工，并达到如下要求： (1) 尺寸公差等级达 IT8 级 (2) 形位公差等级达 IT8 级 (3) 表面粗糙度达 $Ra3.2\ \mu m$	1. 曲面铣削的基本知识 2. 球头刀具的切削特点
	（四）孔类加工	能够运用数控加工程序进行孔加工，并达到如下要求： (1) 尺寸公差等级达 IT7 级 (2) 形位公差等级达 IT8 级 (3) 表面粗糙度达 $Ra3.2\ \mu m$	麻花钻、扩孔钻、丝锥、镗刀及铰刀的加工方法
	（五）槽类加工	能够运用数控加工程序进行槽、键槽的加工，并达到如下要求： (1) 尺寸公差等级达 IT8 级 (2) 形位公差等级达 IT8 级 (3) 表面粗糙度达 $Ra3.2\ \mu m$	槽、键槽的加工方法
	（六）精度检验	能够使用常用量具进行零件的精度检验	1. 常用量具的使用方法 2. 零件精度检验及测量方法
五、维护与故障诊断	（一）机床日常维护	能够根据说明书完成数控铣床的定期及不定期维护保养，包括：机械、电、气、液压、数控系统检查和日常保养等	1. 数控铣床说明书 2. 数控铣床日常保养方法 3. 数控铣床操作规程 4. 数控系统（进口、国产数控系统）说明书
	（二）机床故障诊断	(1) 能读懂数控系统的报警信息 (2) 能发现数控铣床的一般故障	1. 数控系统的报警信息 2. 机床的故障诊断方法
	（三）机床精度检查	能进行机床水平的检查	1. 水平仪的使用方法 2. 机床垫铁的调整方法

3.2 高级

职业功能	工作内容	技能要求	相关知识
一、加工准备	(一)读图与绘图	1. 能读懂装配图并拆画零件图 2. 能够测绘零件 3. 能够读懂数控铣床主轴系统、进给系统的机构装配图	1. 根据装配图拆画零件图的方法 2. 零件的测绘方法 3. 数控铣床主轴与进给系统基本构造知识
	(二)制定加工工艺	能编制二维、简单三维曲面零件的铣削加工工艺文件	复杂零件数控加工工艺的制定
	(三)零件定位与装夹	1. 能选择和使用组合夹具和专用夹具 2. 能选择和使用专用夹具装夹异型零件 3. 能分析并计算夹具的定位误差 4. 能够设计与自制装夹辅具(如轴套、定位件等)	1. 数控铣床组合夹具和专用夹具的使用、调整方法 2. 专用夹具的使用方法 3. 夹具定位误差的分析与计算方法 4. 装夹辅具的设计与制造方法
	(四)刀具准备	1. 能够选用专用工具(刀具和其他) 2. 能够根据难加工材料的特点,选择刀具的材料、结构和几何参数	1. 专用刀具的种类、用途、特点和刃磨方法 2. 切削难加工材料时的刀具材料和几何参数的确定方法
二、数控编程	(一)手工编程	1. 能够编制较复杂的二维轮廓铣削程序 2. 能够根据加工要求编制二次曲面的铣削程序 3. 能够运用固定循环、子程序进行零件的加工程序编制 4. 能够进行变量编程	1. 较复杂二维节点的计算方法 2. 二次曲面几何体外轮廓节点计算 3. 固定循环和子程序的编程方法 4. 变量编程的规则和方法
	(二)计算机辅助编程	1. 能够利用CAD/CAM软件进行中等复杂程度的实体造型(含曲面造型) 2. 能够生成平面轮廓、平面区域、三维曲面、曲面轮廓、曲面区域、曲线的刀具轨迹 3. 能进行刀具参数的设定 4. 能进行加工参数的设置 5. 能确定刀具的切入切出位置与轨迹 6. 能够编辑刀具轨迹 7. 能够根据不同的数控系统生成G代码	1. 实体造型的方法 2. 曲面造型的方法 3. 刀具参数的设置方法 4. 刀具轨迹生成的方法 5. 各种材料切削用量的数据 6. 有关刀具切入切出的方法对加工质量影响的知识 7. 轨迹编辑的方法 8. 后置处理程序的设置和使用方法
	(三)数控加工仿真	能利用数控加工仿真软件实施加工过程仿真、加工代码检查与干涉检查	数控加工仿真软件的使用方法

附 录 二 《数控铣工国家职业标准》

续表

职业功能	工作内容	技能要求	相关知识
三、数控铣床操作	(一)程序调试与运行	能够在机床中断加工后正确恢复加工	程序的中断与恢复加工的方法
	(二)参数设置	能够依据零件特点设置相关参数进行加工	数控系统参数设置方法
四、零件加工	(一)平面铣削	能够编制数控加工程序铣削平面、垂直面、斜面、阶梯面等,并达到如下要求: (1)尺寸公差等级达 IT7 级 (2)形位公差等级达 IT8 级 (3)表面粗糙度达 $Ra3.2\ \mu m$	1. 平面铣削精度控制方法 2. 刀具端刃几何形状的选择方法 数控铣床阶梯面的加工编程操作
	(二)轮廓加工	能够编制数控加工程序铣削较复杂的(如凸轮等)平面轮廓,并达到如下要求: (1)尺寸公差等级达 IT8 级 (2)形位公差等级达 IT8 级 (3)表面粗糙度达 $Ra3.2\ \mu m$	1. 平面轮廓铣削的精度控制方法 2. 刀具侧刃几何形状的选择方法
	(三)曲面加工	能够编制数控加工程序铣削二次曲面,并达到如下要求: (1)尺寸公差等级达 IT8 级 (2)形位公差等级达 IT8 级 (3)表面粗糙度达 $Ra3.2\ \mu m$	1. 二次曲面的计算方法 2. 刀具影响曲面加工精度的因素以及控制方法
	(四)孔系加工	能够编制数控加工程序对孔系进行切削加工,并达到如下要求: (1)尺寸公差等级达 IT7 级 (2)形位公差等级达 IT8 级 (3)表面粗糙度达 $Ra3.2\ \mu m$	麻花钻、扩孔钻、丝锥、镗刀及铰刀的加工方法
	(五)深槽加工	能够编制数控加工程序进行深槽、三维槽的加工,并达到如下要求: (1)尺寸公差等级达 IT8 级 (2)形位公差等级达 IT8 级 (3)表面粗糙度达 $Ra3.2\ \mu m$	深槽、三维槽的加工方法
	(六)配合件加工	能够编制数控加工程序进行配合件加工,尺寸配合公差等级达 IT8 级	1. 配合件的加工方法 2. 尺寸链换算的方法
	(七)精度检验	1. 能够利用数控系统的功能使用百(千)分表测量零件的精度 2. 能对复杂、异形零件进行精度检验 3. 能够根据测量结果分析产生误差的原因 4. 能够通过修正刀具补偿值和修正程序来减少加工误差	1. 复杂、异形零件的精度检验方法 2. 产生加工误差的主要原因及其消除方法

续表

职业功能	工作内容	技能要求	相关知识
五、维护与故障诊断	(一)日常维护	能完成数控铣床的定期维护	数控铣床定期维护手册
	(二)故障诊断	能排除数控铣床的常见机械故障	机床的常见机械故障诊断方法
	(三)机床精度检验	能协助检验机床的各种出厂精度	机床精度的基本知识

4 比重表

4.1 理论知识

	项 目	中级/%	高级/%	技师/%	高级技师/%
基本要求	职业道德	5	5	5	5
	基础知识	20	20	15	15
相关知识	加工准备	15	15	25	—
	数控编程	20	20	10	—
	数控铣床操作	5	5	5	—
	零件加工	30	30	20	15
	数控铣床维护与精度检验	5	5	10	10
	培训与管理	—	—	10	15
	工艺分析与设计	—	—	—	40
	合 计	100	100	100	100

4.2 技能操作

	项 目	中级/%	高级/%	技师/%	高级技师/%
技能要求	加工准备	10	10	10	—
	数控编程	30	30	30	—
	数控铣床操作	5	5	5	—
	零件加工	50	50	45	45
	数控铣床维护与精度检验	5	5	5	10
	培训与管理	—	—	5	10
	工艺分析与设计	—	—	—	35
	合 计	100	100	100	100

> 附录三

1＋X 证书

数控车铣加工职业技能等级实操考核任务书（初级）样题

一、考核内容

考试现场操作的方式，完成以下考核任务：

1. 职业素养。（10分）

2. 根据机械加工工艺过程卡、机械加工工序卡，完成指定零件的数控加工刀具卡、数控加工程序单。（6分）

3. 零件编程及加工。（84分）

(1) 按照任务书要求，完成零件的加工。（79分）

(2) 根据自检表完成零件的部分尺寸自检。（5分）

二、考核提供的考件

序号	零件名称	材料	规格	数量	备注
1	阶梯轴零件	45钢或2A12铝	$\phi 50 \times 100$ mm	1	圆棒

三、考核图纸

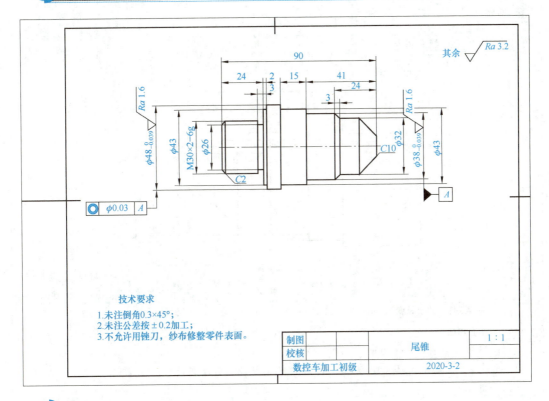

四、机械加工工艺过程卡

零件名称			机械加工 工艺过程卡	毛坯种类	棒料	共1页
		尾锥		材料	45钢或 2A12铝	第1页
工序号	工序名称		工序内容		设备	工艺装备
10	备料		备料 $\phi50\times100$ mm,材料为45钢或2A12铝			
20	数车		车右端端面,粗、精车右端 $\phi48_{-0.039}^{\ 0}$ mm 外圆、$\phi43$ mm 外圆、$\phi32$ mm 与 $\phi38_{-0.039}^{\ 0}$ mm 外圆,车C10倒角,至图纸要求		CAK6140	三爪卡盘
30	数车		调头装夹,校准同轴度小于0.02		CAK6140	三爪卡盘
40	数车		车左端端面保证总长75 mm,粗、精车左端 $\phi43$ mm 外圆与 M30×2-6 g螺纹达到尺寸要求		CAK6140	三爪卡盘
50	钳		锐边倒钝,去毛刺		钳台	台虎钳
60	清洗		用清洁剂清洗零件			
70	检验		按图样尺寸检测			
编制			日期	审核	日期	

五、机械加工工序卡

零件名称	尾锥	机械加工工序卡	工序号	20	工序名称	数车	共1页
							共1页
材料	45钢或2A12铝	毛坯尺寸	φ50×100 mm	机床设备	CAK6140	夹具	三爪卡盘

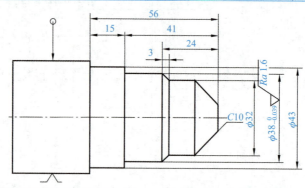

工步号	工步内容	刀具规格	刀具材料	量具	背吃刀量	进给量 mm/r	主轴转速 r/min
1	夹紧工件,伸出长度70 mm左右			钢尺			
2	车右端端面	外圆刀	硬质合金	游标卡尺	0.5	0.2	600
3	粗车外圆 $\phi48_{-0.039}^{0}$ mm、$\phi43$ mm、$\phi32$ mm 与 $\phi38_{-0.039}^{0}$ mm 及 C10 倒角留 0.3 mm 余量	外圆刀	硬质合金	外径千分尺	1.5	0.3	500
4	精车外圆 $\phi48_{-0.039}^{0}$ mm 外圆、$\phi43$ mm 外圆,$\phi32$ mm 与 $\phi38_{-0.039}^{0}$ mm 外圆及 C10 车至尺寸要求	外圆刀	硬质合金	外径千分尺	0.3	0.15	600
编制		日期		审核		日期	

零件名称	尾锥	机械加工工序卡	工序号	30、40	工序名称	数车	共1页
							共1页
材料	45钢或2A12铝	毛坯尺寸	φ50×100 mm	机床设备	CAK6140	夹具	三爪卡盘

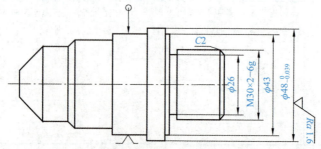

续表

工步号	工步内容	刀具规格	刀具材料	量具	背吃刀量	进给量 mm/r	主轴转速 r/min
1	掉头工件，装夹位置为 φ43 mm 外圆						
2	用百分表校正 φ48 mm 外圆，使其保证同轴度在 0.02 mm 以内						
3	车左端端面，保证总长度为 90 mm	外圆刀	硬质合金	游标卡尺	0.5	0.2	600
4	粗、精车外圆 φ43 mm 与螺纹 M30×2－6 g 大径 φ29.8 至尺寸要求	外圆刀	硬质合金	外径千分尺	粗 1.5 精 0.3	粗 0.25 精 0.15	粗 500 精 600
5	车 φ26×3 退刀车至尺寸要求	车槽刀	硬质合金	游标卡尺	3	0.15	300
6	车螺纹 M30×2－6 g 到尺寸要求	螺纹刀	硬质合金	螺纹规			500
备注	刀具与量具选用清单指定。切削参数是参考值，可以根据现实加工环境进行调整						
编制		日期		审核		日期	

六、数控加工刀具卡

零件名称	尾锥		数控加工刀具卡			工序号		40	
工序名称	车左端	设备名称	数控车			设备型号		CAK6140	
工步号	刀具号	刀具名称	刀柄型号	刀具 直径/mm	刀长/mm	刀尖半径/mm	补偿量/mm		备注
3	T0101	外圆刀	25×25			0.8			
4	T0101	外圆刀	25×25			0.8			
5	T0202	车槽刀	25×25			0.4			
6	T0303	外螺纹刀	25×25			0.4			
编制		审核		批准		共 页		第 页	

七、数控加工程序单

数控加工程序单		产品名称		零件名称	尾锥	共1页
		工序号	40	工序名称	车左端	第1页
序号	程序编号	工序内容	刀具	切削深度 （相对最高点）	备注	
1	O1001	车左端端面	外圆刀			
2	O1002	粗、精车外圆 $\phi 43$ mm 与螺纹 M30×2—6g 大径 $\phi 29.8$	外圆刀			
3	O1003	车 $\phi 26 \times 3$ 退刀槽	3 mm 车槽刀			
4	O1004	车螺纹 M30×2—6g	外螺纹刀			

装夹示意图：	装夹说明：
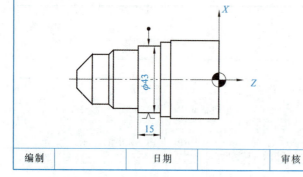	1. 装夹位置为 $\phi 43$ mm 外圆； 2. 用百分表校正 $\phi 48$ mm 外圆，使其保证同轴度在 0.02 mm 以内

编制		日期		审核		日期	

八、零件自检表

零件名称		阶梯轴零件		允许读数误差		±0.007 mm		考评员评价
序号	项目	尺寸要求	使用的量具	测量结果			项目判定	
				No. 1	No. 2	No. 3	平均值	
1	外径	$\phi 48^{\ 0}_{-0.039}$						合 否
2	外径	$\phi 38^{\ 0}_{-0.039}$						合 否
3	长度	90						合 否
4								合 否
结论 （对上述三个测量尺寸进行评价）				合格品		次品	废品	
处理意见								

数控车铣加工职业技能等级实操考核评分记录表（初级）样题

数控车铣加工职业技能等级标准（初级）评分表汇总					
试题编号		考生代码		数控车削总配分	60
场次		工位编号	工件编号	成绩总计	
项目	名称		配分	实际得分	
职业素养	6S及职业规范		10		
工艺文件	数控加工刀具卡		3		
	数控加工程序单		3		
零件加工	车削零件		39		
	铣削零件		40		
	零件部分尺寸自检		5		
	总成绩		100		
考评员签字					
复核人签字					

数控车铣加工（初级）评分表－职业素养

试题编号		考生代码		配分	10
场次		工位编号		工件编号	成绩小计	
序号	考核项目	评分标准			得分
1	职业与操作规范 （共 10 分）	1. 按正确的顺序开关机床，关机时车床工作台、车床刀架停放在正确的位置；1 分			
		2. 检查与保养机床润滑系统；0.5 分			
		3. 正确操作机床及排除机床软故障（机床超程、程序传输、正确启动主轴等）；0.5 分			
		4. 正确使用三爪卡盘扳手、加力杆安装车床工件；1 分			
		5. 清洁机床工作台与夹具安装面；1 分			
		6. 正确安装和校准平口钳、卡盘等夹具；1 分			
		7. 正确的安装车床刀具，刀具伸出长度合理，校准中心高，禁止使用加力杆；1.5 分			
		8. 合理使用辅助工具（寻边器、分中棒、百分表、对刀仪、量块等）完成工件坐标系的设置；0.5 分			
		9. 工具、量具、刀具按规定位置正确摆放；0.5 分			
		10. 按要求穿戴安全防护用品（工作服、防砸鞋、护目镜）；1 分			
		11. 完成加工之后，清扫机床及周边；1 分			
		12. 机床开机和完成加工后按要求对机床进行检查并做好记录；0.5 分			
					扣分
2	文明生产（5 分，此项为扣分，扣完为止）	1. 机床加工过程中工件掉落；1 分			
		2. 加工中不关闭安全门；0.5 分			
		3. 刀具非正常损坏；每次 0.5 分			
		4. 发生轻微机床碰撞事故；3 分			
		5. 如发生重大事故（人身和设备安全事故等）、严重违反工艺原则和情节严重的野蛮操作、违反考场纪律等由考评员组决定取消其实操考试资格			
		合计			

数控车铣加工职业技能等级标准（初级）评分表－工艺文件

试题编号		考生代码		配分	6
场次		工位编号		工件编号	成绩小计	
序号	考核项目	评分标准			得分
1	数控刀具卡 （3 分）	1. 数控刀具卡表头信息；0.5 分			
		2. 每个工步刀具参数合理，一项不合理扣 0.5；共 2.5 分			
2	数控加工程序单（3 分）	1. 数控加工程序单表头信息；0.5 分			
		2. 每个程序对应的内容正确，一项不合理扣 0.5；共 2 分			
		3. 装夹示意图及安装说明；0.5 分			
		合计			

数控车铣加工职业技能等级标准（初级）评分表—尾锥									
试题编号			考生代码				配分		39
场次		工位编号			工件编号		成绩小计		
序号	配分	尺寸类型	公称尺寸	上偏差	下偏差	上极限尺寸	下极限尺寸	实际尺寸	得分	备注
A—主要尺寸									
1	4	φ	38	0	0.039	38	38.039		0	
2	4	φ	48	0	0.039	48	48.039		0	
3	2	φ	43	0.2	−0.2	43.2	42.8		0	锥端
4	2	φ	32	0.2	−0.2	32.2	31.8		0	
5	2	φ	43	0.2	−0.2	43.2	42.8		0	螺纹端
6	2	φ	26	0.2	−0.2	26.2	25.8		0	槽直径
7	2	L	41	0.2	−0.2	41.2	40.8		0	
8	2	L	15	0.2	−0.2	15.2	14.8		0	
9	2	L	24	0.2	−0.2	24.2	23.8		0	
10	2	C	10	1	−1	11	9		0	
11	1	L	90	0.1	−0.1	90.1	89.9		0	
12	5	螺纹	M30×2−6g						0	
B—形位公差									
1	4	同轴度	0.02	0	0.00	0.02	0.00		0	
C—表面粗糙度									
1	2	表面质量	Ra1.6	0	0	0	0		0	2处
2	3	表面质量	Ra3.2	0	0	0	0		0	
总计									

数控车铣加工职业技能等级标准（初级）评分表—零件自检						
试题编号			考生代码		配分	5
场次		工位编号	工件编号		成绩小计	
序号	零件名称	测量项目	配分	评分标准	得分	备注
1	车削零件	尺寸测量	3	每错一处扣0.5分，扣完为止		
		项目判定	1	全部正确得分		
		结论判定	0.5	判断正确得分		
		处理意见	0.5	处理正确得分		
总计						

数控车铣加工职业技能等级实操考核任务书（中级）样题

一、考核内容

考试现场操作的方式，完成以下考核任务：

1. 职业素养。（8分）

2. 根据机械加工工艺过程卡，完成指定零件的机械加工工序卡、数控加工刀具卡、数控加工程序单。（12分）

3. 零件编程及加工。（80分）

（1）按照任务书要求，完成零件的加工。（70分）

（2）根据自检表完成零件的部分尺寸自检。（5分）

（3）按照任务书完成零件的装配。（5分）

二、考核提供的考件

序号	零件名称	材料	规格	数量	备注
1	传动轴零件	45钢或2A12铝	$\phi 55 \times 65$ mm	1	圆棒

三、考核图纸

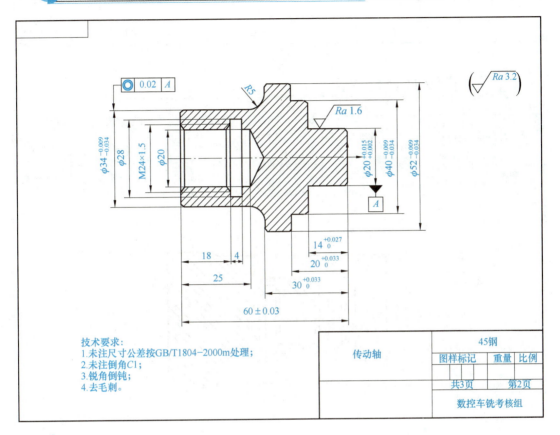

四、机械加工工艺过程卡

零件名称		传动轴	机械加工 工艺过程卡	毛坯种类	棒料	共1页
				材料	45钢或 2A12铝	第1页
工序号	工序名称		工序内容	设备	工艺装备	
10	备料		备料 $\phi55\times65$ mm,材料为45钢或2A12铝			
20	数车		车左端端面,粗、精车左端 $\phi34$ 外圆、$R5$ 圆角,钻 $\phi20$ mm 底孔,车 $\phi28\times4$ 退刀槽、车 $M24\times1.5$ 内螺纹至图纸要求及倒角	CAK6140	三爪卡盘	
30	数车		车右端端面保证总长 60 ± 0.03 mm,粗、精车右端 $\phi20$ mm、$\phi40$ mm、$\phi52$ mm 外圆至图纸要求及倒角	CAK6140	三爪卡盘	
40	钳		锐边倒钝,去毛刺	钳台	台虎钳	
50	清洗		用清洁剂清洗零件			

续表

工序号	工序名称	工序内容	设备	工艺装备
60	检验	按图样尺寸检测		
70				
编制		日期	审核	日期

五、机械加工工序卡

零件名称	传动轴	机械加工工序卡	工序号	20	工序名称	数车	共1页
							共1页
材料	45钢或 2A12铝	毛坯尺寸	$\phi55\times65$ mm	机床设备	CAK6140	夹具	三爪卡盘

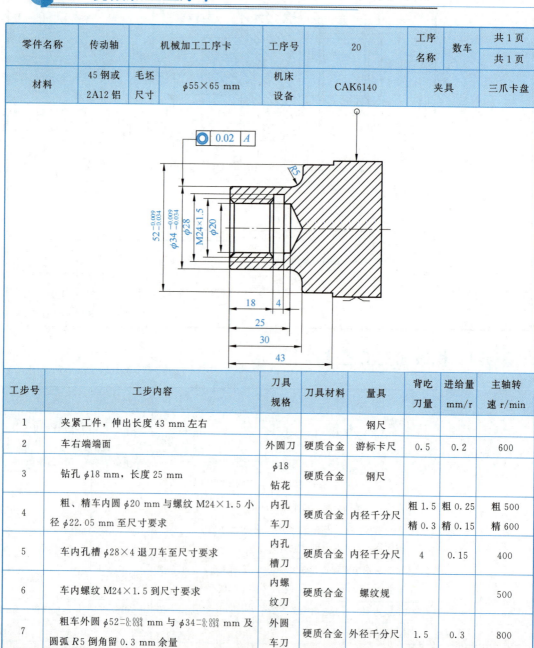

工步号	工步内容	刀具规格	刀具材料	量具	背吃刀量	进给量 mm/r	主轴转速 r/min
1	夹紧工件,伸出长度43 mm左右			钢尺			
2	车右端端面	外圆刀	硬质合金	游标卡尺	0.5	0.2	600
3	钻孔 $\phi18$ mm,长度25 mm	$\phi18$ 钻花	硬质合金	钢尺			
4	粗、精车内圆 $\phi20$ mm 与螺纹 M24×1.5 小径 $\phi22.05$ mm 至尺寸要求	内孔车刀	硬质合金	内径千分尺	粗1.5 精0.3	粗0.25 精0.15	粗500 精600
5	车内孔槽 $\phi28\times4$ 退刀车至尺寸要求	内孔槽刀	硬质合金	内径千分尺	4	0.15	400
6	车内螺纹 M24×1.5 到尺寸要求	内螺纹刀	硬质合金	螺纹规			500
7	粗车外圆 $\phi52_{-0.034}^{-0.009}$ mm 与 $\phi34_{-0.034}^{-0.009}$ mm 及圆弧 R5 倒角留 0.3 mm 余量	外圆车刀	硬质合金	外径千分尺	1.5	0.3	800

续表

工步号	工步内容	刀具规格	刀具材料	量具	背吃刀量	进给量 mm/r	主轴转速 r/min
8	粗车外圆 $\phi 52_{-0.034}^{-0.009}$ mm 与 $\phi 34_{-0.034}^{-0.009}$ mm 及圆弧 $R5$，$C1$ 车至尺寸要求	外圆车刀	硬质合金	外径千分尺	0.3	0.15	1200
编制		日期		审核		日期	

零件名称	传动轴	机械加工工序卡		工序号	30、40	工序名称	数车	共1页 共1页
材料	45钢或2A12铝	毛坯尺寸	$\phi 55 \times 65$ mm	机床设备	CAK6140	夹具	三爪卡盘	

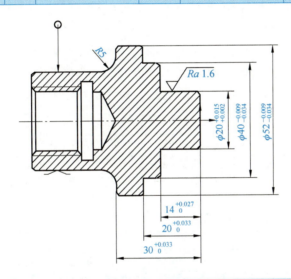

工步号	工步内容	刀具规格	刀具材料	量具	背吃刀量	进给量 mm/r	主轴转速 r/min
1	掉头工件，装夹位置为 $\phi 34$ mm 外圆						
2	用百分表校正 $\phi 52$ mm 外圆，使其保证同轴度在 0.02 mm 以内						
3	车左端端面，保证总长度为 60 ± 0.03 mm	外圆车刀	硬质合金	游标卡尺	0.5	0.2	600
4	粗车外圆 $\phi 20_{-0.002}^{-0.015}$ mm 与 $\phi 40_{-0.034}^{-0.009}$ mm，长度 $14_{0}^{+0.027}$ mm/$20_{0}^{+0.033}$ mm/$30_{0}^{+0.033}$ mm 及倒角	外圆车刀	硬质合金	外径千分尺	粗1.5	粗0.25	粗800
5	精车外圆 $\phi 20_{-0.002}^{-0.015}$ mm 与 $\phi 40_{-0.034}^{-0.009}$ mm，长度 $14_{0}^{+0.027}$ mm/$20_{0}^{+0.033}$ mm/$30_{0}^{+0.033}$ mm 及倒角	外圆车刀	硬质合金	游标卡尺	精0.3	精0.15	精1500
备注	刀具与量具选用清单指定。切削参数是参考值，可以根据现实加工环境进行调整						
编制		日期		审核		日期	

六、数控加工刀具卡

零件名称	传动轴		数控加工刀具卡			工序号		40	
工序名称	车左端	设备名称	数控车			设备型号		CAK6140	
工步号	刀具号	刀具名称	刀柄型号	刀具			补偿量/mm		备注
				直径/mm	刀长/mm	刀尖半径/mm			
3	T0101	外圆车刀	25×25			0.8			
4	T0101	外圆车刀	25×25			0.8			
4	T0202	内孔车刀	25×25			0.4			
5	T0303	内孔槽刀	25×25			0.4			
6	T0404	内螺纹刀	25×25			0.4			
编制		日期			审核		日期		

七、数控加工程序单

数控加工程序单		产品名称			零件名称	传动轴	共1页
		工序号	40		工序名称	车左端	第1页
序号	程序编号	工序内容		刀具	切削深度（相对最高点）	备注	
1	O1001	车左端端面		外圆车刀			
2	O1002	粗车外圆 $\phi 20^{+0.033}_{0}$ mm 与 $\phi 40^{-0.009}_{-0.025}$ mm，长度 $14^{+0.027}_{0}$ mm/$20^{+0.033}_{0}$ mm/$30^{+0.033}_{0}$ mm 及倒角		外圆车刀			
3	O1003	精车外圆 $\phi 20^{+0.033}_{0}$ mm 与 $\phi 40^{-0.009}_{-0.025}$ mm，长度 $14^{+0.027}_{0}$ mm/$20^{+0.033}_{0}$ mm/$30^{+0.033}_{0}$ mm 及倒角		外圆车刀			

续表

装夹示意图：

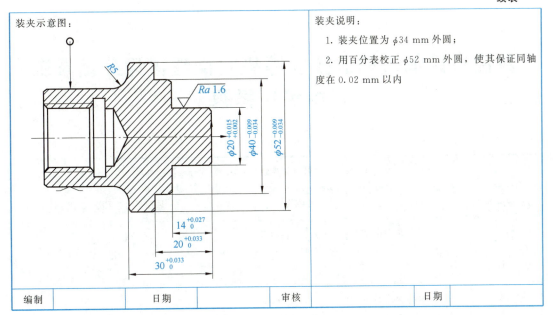

装夹说明：
1. 装夹位置为 $\phi 34$ mm 外圆；
2. 用百分表校正 $\phi 52$ mm 外圆，使其保证同轴度在 0.02 mm 以内

| 编制 | | 日期 | | 审核 | | 日期 | |

八、零件自检表

零件名称		传动轴零件		允许读数误差		± 0.007 mm			考评员评价
序号	项目	尺寸要求	使用的量具	测量结果			平均值	项目判定	
				No. 1	No. 2	No. 3			
1	外径	$\phi 20\pm^{+0.015}_{+0.002}$						合 否	
2	外径	$\phi 34 -^{-0.009}_{-0.034}$						合 否	
3	长度	$14\pm^{+0.027}_{0}$						合 否	
4								合 否	
结论（对上述三个测量尺寸进行评价）				合格品		次品	废品		
处理意见									

数控车铣加工职业技能等级实操考核评分记录表（中级）样题

数控车铣加工职业技能等级标准（中级）评分表汇总					
试题编号		考生代码		数控车削总配分	59
场次		工位编号	工件编号	成绩总计	
项目	名称		配分	实际得分	
职业素养	6S及职业规范		8		
工艺文件	数控加工工序卡		6		
	数控加工刀具卡		3		
	数控加工程序单		3		
零件加工	车削零件		34		
	铣削零件		41		
	零件部分尺寸自检		5		
	总成绩		100		
考评员签字					
复核人签字					

数控车铣加工（中级）评分表－职业素养					
试题编号		考生代码		配分	8
场次		工位编号	工件编号	成绩小计	
序号	考核项目	评分标准			得分
1	职业与操作规范 （共 10 分）	1. 按正确的顺序开关机床，关机时车床工作台、车床刀架停放在正确的位置；0.5 分			
		2. 检查与保养机床润滑系统；0.5 分			
		3. 正确操作机床及排除机床软故障（机床超程、程序传输、正确启动主轴等）；0.5 分			
		4. 正确使用三爪卡盘扳手、加力杆安装车床工件；0.5 分			
		5. 清洁机床工作台与夹具安装面；0.5 分			
		6. 正确安装和校准平口钳、卡盘等夹具；1 分			
		7. 正确的安装车床刀具，刀具伸出长度合理，校准中心高，禁止使用加力杆；1.5 分			
		8. 合理使用辅助工具（寻边器、分中棒、百分表、对刀仪、量块等）完成工件坐标系的设置；0.5 分			
		9. 工具、量具、刀具按规定位置正确摆放；0.5 分			
		10. 按要求穿戴安全防护用品（工作服、防砸鞋、护目镜）；1 分			
		11. 完成加工之后，清扫机床及周边；0.5 分			
		12. 机床开机和完成加工后按要求对机床进行检查并做好记录；0.5 分			
		扣分				
2	文明生产（5 分，此项为扣分，扣完为止	1. 机床加工过程中工件掉落；1 分			
		2. 加工中不关闭安全门；0.5 分			
		3. 刀具非正常损坏；每次 0.5 分			
		4. 发生轻微机床碰撞事故；3 分			
		5. 如发生重大事故（人身和设备安全事故）、严重违反工艺原则和情节严重的野蛮操作、违反考场纪律等由考评员组决定取消其实操考试资格			
	合计				

附 录 三 1＋X 证书

数控车铣加工职业技能等级标准（中级）评分表－工艺文件			
试题编号	考生代码	配分	12
场次	工位编号	工件编号	成绩小计

序号	考核项目	评分标准	得分
1	数控加工工序卡（6分）	1. 工序卡表头信息；1分	
		2. 根据机械工艺过程卡编制工序卡工步，缺一个工步扣0.5；共2.5分	
		3. 工序卡工步切削参数合理，一项不合理扣0.5；共2.5分	
2	数控刀具卡（3分）	1. 数控刀具卡表头信息；0.5分	
		2. 每个工步刀具参数合理，一项不合理扣0.5；共2.5分	
3	数控加工程序单（3分）	1. 数控加工程序单表头信息；0.5分	
		2. 每个程序对应的内容正确，一项不合理扣0.5；共2分	
		3. 装夹示意图及安装说明；0.5分	
		合计	

数控车铣加工职业技能等级标准（中级）评分表－传动轴									
试题编号			考生代码			配分			39	
场次		工位编号		工件编号			成绩小计		
序号	配分	尺寸类型	公称尺寸	上偏差	下偏差	上极限尺寸	下极限尺寸	实际尺寸	得分	备注
A－主要尺寸										
1	3	ϕ	52	−0.009	−0.034	51.991	51.966		0	
2	3	ϕ	40	−0.009	−0.034	39.991	39.966		0	
3	3	ϕ	20	0.015	0.002	20.015	20.002		0	
4	2	ϕ	34	−0.009	−0.034	33.991	33.966		0	
5	1.5	ϕ	28	0.2	−0.2	28.2	27.8		0	
6	0.5	ϕ	20	0.2	−0.2	20.2	19.8		0	
7	2	L	60	0.03	−0.03	60.03	59.97		0	
8	2	L	30	0.033	0	30.033	30		0	
9	2	L	20	0.033	0	20.033	20		0	
10	2	L	14	0.027	0	14.027	14		0	
11	1	L	4	0.1	−0.1	4.1	3.9		0	
12	0.5	L	25	0.2	−0.2	25.2	24.8		0	
13	0.5	L	18	0.2	−0.2	18.2	17.8		0	
14	1	R	5			5	5		0	
15	4	螺纹	M30×2−6g							
B－形位公差										0	
1	2	同轴度	0.02	0	0.00	0.02	0.00		0	

续表

序号	配分	尺寸类型	公称尺寸	上偏差	下偏差	上极限尺寸	下极限尺寸	实际尺寸	得分	备注
C—表面粗糙度									0	
1	2	表面质量	Ra1.6	0	0	1.6	0		0	2处
2	3	表面质量	Ra3.2	0	0	3.2	0		0	
总计										

数控车铣加工职业技能等级标准（中级）评分表—零件自检							
试题编号			考生代码			配分	5
场次		工位编号		工件编号		成绩小计	
序号	零件名称	测量项目	配分	评分标准		得分	备注
1	车削零件	尺寸测量	3	每错一处扣0.5分，扣完为止			
		项目判定	1	全部正确得分			
		结论判定	0.5	判断正确得分			
		处理意见	0.5	处理正确得分			
总计							

参 考 文 献

[1] 赵再军. 机电一体化概论［M］. 杭州：浙江大学出版社，2019.

[2] 龚仲华，杨红霞. 机电一体化技术及应用［M］. 北京：化学工业出版社，2018.

[3] 王丰，等. 机电一体化系统［M］. 北京：清华大学出版社，2017.

[4] 邵泽强. 机电一体化概论［M］. 北京：机械工业出版社，2010.

[5] 赵再军. 机电一体化概论［M］. 杭州：浙江大学出版社，2004.

[6] 杨少光. 机电一体化设备的组装与调试［M］. 南宁：广西教育出版社，2012.

[7] 三浦宏文. 机电一体化实用手册［M］. 北京：科学出版社，2001.

[8] 梁景凯. 机电一体化技术与系统［M］. 北京：机械工业出版社，2013.

[9] 万遇良. 机电一体化技术概览［M］. 北京：北京工业大学出版社，1999.

[10] 余洵. 机电一体化概论［M］. 北京：高等教育出版社，2000.

[11] 严筱筠. 机电一体化导论［M］. 北京：职工教育出版社，1988.

[12] 陈恳，杨向东，刘莉，等. 机器人技术与应用［M］. 北京：清华大学出版社，2006.

[13] 邵泽强，滕士雷. 机电设备PLC控制技术［M］. 北京：机械工业出版社，2012.

[14] 丁加军，盛靖琪. 自动机与自动线［M］. 北京：机械工业出版社，2005.

[15] 徐夏民，邵泽强. 数控原理与数控系统［M］. 北京：北京理工大学出版社，2006.

[16] 胡海清. 气压与液压传动控制技术［M］. 第4版. 北京：北京理工大学出版，2014.